21世纪高等学校计算机
应用技术系列教材

Python程序设计

（思政版）

◎ 王霞 王书芹 郭小荟 梁银 刘小洋 宋杰鹏 魏思政 编著

清华大学出版社
北京

内 容 简 介

在人工智能时代，Python已经成为主流的通用开发语言。同时，为贯彻落实2020年5月教育部印发的《高等学校课程思政建设指导纲要》中提出的所有专业课程均需加强学生工程伦理教育的目标要求，本书从实用性和思政性两方面结合入手，针对完全零基础入门的读者，采用图文并茂、学练结合的模式进行讲解，达到熟练掌握Python的目的。

本书分为9章，从Python发展历程、环境的搭建开始，逐步介绍Python的数据类型、流程控制、函数、类和对象、异常处理等。每章均结合思政元素设计适当案例，让学生在学习专业知识的同时潜移默化地接受思政教育。

本书概念清晰、内容简练、结合思政，是广大Python入门读者的佳选，非常适合作为高等院校和培训学校相关专业师生的教学参考书。

图书在版编目(CIP)数据

Python程序设计：思政版/王霞等编著.—北京：清华大学出版社，2021.4(2024.2重印)
21世纪高等学校计算机应用技术系列教材
ISBN 978-7-302-57670-9

Ⅰ.①P… Ⅱ.①王… Ⅲ.①软件工具－程序设计－高等学校－教材 Ⅳ.①TP311.561

中国版本图书馆CIP数据核字(2021)第039803号

责任编辑：文 怡 李 晔
封面设计：刘 键
责任校对：郝美丽
责任印制：宋 林

出版发行：清华大学出版社
    网　　　址：https://www.tup.com.cn，https://www.wqxuetang.com
    地　　　址：北京清华大学学研大厦A座　　　　　邮　　编：100084
    社 总 机：010-83470000　　　　　　　　　　邮　　购：010-62786544
    投稿与读者服务：010-62776969，c-service@tup.tsinghua.edu.cn
    质量反馈：010-62772015，zhiliang@tup.tsinghua.edu.cn
    课件下载：https://www.tup.com.cn，010-83470236
印 装 者：小森印刷霸州有限公司
经　　销：全国新华书店
开　　本：185mm×260mm　印　张：15.75　　　　字　　数：387千字
版　　次：2021年6月第1版　　　　　　　　　　印　　次：2024年2月第10次印刷
印　　数：16001～18000
定　　价：49.00元

产品编号：090968-01

前　　言

Python 是一种高层次的结合解释性、编译性、互动性和面向对象的脚本语言,以"简单、优雅、明确"的设计哲学成为高校新工科各专业学生首选的编程语言。为贯彻落实 2020 年 5 月教育部印发的《高等学校课程思政建设指导纲要》中提出的所有专业课程均需加强学生工程伦理教育的目标要求,本书在全面系统讲解 Python 程序设计的同时,结合程序的特点将思政元素渗透到具体章节中,使学生在学习专业知识的过程中,领悟到其中蕴含的思想价值及人文精神,增强课程的知识性、引领性和时代性,培养学生精益求精的大国工匠精神,达到寓教于学的目的。

本书内容组织

本书从初学者角度出发,提供了从零开始学习 Python 所需要掌握的知识和技术。本书共分为 9 章。

第 1 章从 Python 发展历史入手,介绍 Python 编辑环境的搭建和使用,以及集成开发环境 PyCharm 的安装和使用。

第 2～4 章是本书的语法核心部分,介绍了 Python 的数据类型(数值型、字符串、列表、元组、字典和集合)以及 Python 的 3 种流程控制结构等主要语法知识和基本算法。

第 5 章是函数部分,介绍了函数的定义、使用以及与函数相关的多种知识。

第 6 章是面向对象程序设计,讲解类的定义与对象的创建、类成员的可访问范围、类的属性和方法、特殊方法和运算符重载、继承与派生以及多态性等内容。

第 7 章是文件和目录操作,讲解文件的概念,文件的常用操作,文本文件的操作,序列化与二进制文件的操作,csv 文件的操作,文件与目录操作常用的 os 和 os. path 模块、shutil 模块,以及文件的压缩与解压缩等内容。

第 8 章是异常处理,讲解异常的概念、Python 异常类的层次结构、Python 的异常处理机制、自定义异常类和断言等内容。

第 9 章是综合应用实例,将 Python 的网络爬虫和数据可视化技术应用于新冠肺炎疫情数据的获取和可视化。

本书结合课程思政元素,设计具有时代特色的思政题目和案例,引导学生在学习 Python 知识的同时接受思政教育。

其中第 1～3 章由王霞编写,第 4 章由王书芹和宋杰鹏合作编写,第 5 章由王书芹编写,第 6～8 章由郭小荟编写,第 9 章由梁银和魏思政合作编写,全书的统稿和校对由刘小洋完成。

本书特色

(1) 实例丰富。编者基于多年的教学经验,在对学生充分认识的前提下精心设计与编排了大量实例，易于学生理解、掌握及应用。

（2）思政元素。本书是国内首部将课程思政与程序设计相结合的教材，深刻挖掘中华民族传统文化、现实社会中学生密切关注的社会问题中的思政元素，将之完美地嵌入学习任务中，使学生在潜移默化中受到教育，帮助塑造学生的价值观和人生观。

（3）学以致用。每章都附有知识导图、实战任务，学生可以边学习，边总结，边实践。

（4）视频讲解。书中每个关键章节或者知识点都配有精彩详尽的视频讲解，能够引导初学者快速入门、感受编程的快乐和成就感。

读者对象

- 零基础的编程爱好者。
- Python 培训机构的教师和学生。
- 高等院校的教师和学生。
- 大中专院校或者职业技术学校的教师和学生。

读者服务

为方便教师和学生更好地学习，本书配套提供教学大纲、实验大纲、课件、源代码（扫描前言下方二维码下载）和讲解视频（扫描书中二维码观看）。

本书由江苏师范大学计算机科学与技术学院多名资深教师共同编写。在编写本书的过程中，编者本着科学严谨、认真负责的态度，力求精益求精达到最好的效果。但由于时间和学识有限，书中不足之处在所难免，敬请诸位同行、专家和读者指正。

致谢

本书的编写是在江苏师范大学计算机科学与技术学院领导的支持下完成的，得到了智能科学与技术系全体教师的帮助，在此对他们表示感谢！

感谢每一位选择本书的读者，希望您能从本书中有所收获！也期待您的批评和指正！

编　者

2021 年 5 月

大纲+课件

源代码

目　录

第1章 绪　论

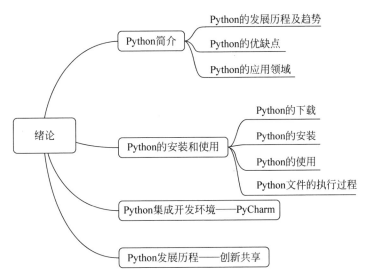

Python 是一种广泛使用的跨平台的、开源的、解释型高级脚本语言。从 1991 年 Python 1.0 诞生以来,随着大数据、人工智能的兴起,越来越多的人开始学习和研究这门语言。

1.1　Python 简介

Python 是一种面向对象的解释型计算机程序设计语言,由荷兰人 Guido van Rossum 于 1989 年发明,第一版发行于 1991 年。Python 是纯粹的自由软件,源代码和解释器 CPython 遵循 GNU 通用公共授权(General Public License,GPL)协议。Python 遵循"优雅、明确、简单"的设计哲学,简单易学且开发效率高,广泛应用于 Web 开发、图形处理、科学计算、网络爬虫、大数据处理等多个领域。

1.1.1 Python 的发展历程及趋势

Python 的创始人 Guido van Rossum 在 1989 年 12 月的圣诞节期间,为打发时间决定开发一种新的脚本解释语言作为 ABC 语言的继承者。1991 年 2 月,第一个 Python 编译器诞生,此时的 Python 已经具备了类、函数、异常处理以及包含表和字典在内的核心数据类型,拥有了以模块为基础的拓展系统。也就是说,Python 具备面向对象编辑器的常用功能,能够满足大多数功能需求。

1991—1994 年,Python 增加了 lambda、map、filter 和 reduce 等多个函数。

1999 年,Python 的 Web 框架——Zope1 发布。

2000 年,发布了 Python 2.0 版本,加入了内存回收机制,构成了现在的 Python 语言框架。

2008 年,发布了 Python 3.0 版本,开始了 Python 2.x 与 Python 3.x 并存的时代。Python 3.0 对 Python2.x 的标准库进行了一定程度的重新拆分和整合,特别是增加了对非罗马字符的支持。

自此,Python 3.x 几乎每年发行一个新版本,2020 年 10 月已经更新到 3.9.0。

自 Python 问世以来,其使用率呈线性增长。IEEE Spectrum 发布的"2020 年度十大编程语言"中,Python 稳居榜首,且连续 4 年夺冠,如图 1.1 所示。

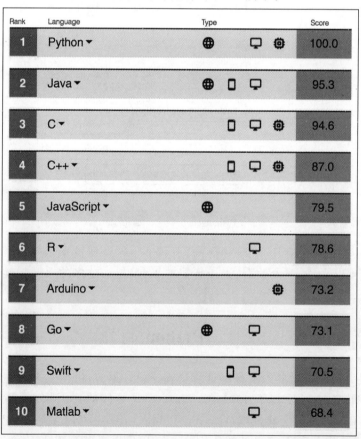

图 1.1 IEEE Spectrum 发布的"2020 年度十大编程语言"

图 1.2 为 2020 年 12 月 TIOBE 发布的编程语言排行榜。可以看出,Python 虽然历史较短,但是后来居上,仅次于 C,且与 C 的差距越来越小。

Dec 2020	Dec 2019	Change	Programming Language	Ratings	Change
1	2	︿	C	16.48%	+0.40%
2	1	﹀	Java	12.53%	-4.72%
3	3		Python	12.21%	+1.90%
4	4		C++	6.91%	+0.71%
5	5		C#	4.20%	-0.60%
6	6		Visual Basic	3.92%	-0.83%
7	7		JavaScript	2.35%	+0.26%
8	8		PHP	2.12%	+0.07%
9	16	︽	R	1.60%	+0.60%
10	9	﹀	SQL	1.53%	-0.31%

图 1.2　2020 年 12 月 TIOBE 发布的"编程语言排行榜"

1.1.2　Python 的优缺点

Python 作为一种高级编程语言,其诞生虽然很偶然,但得到了众多程序员的喜爱。

1. 优点

(1) 语法优美、简单易学。Python 的设计哲学是"优雅、明确、简单",所以 Python 编程简单易学,入手快。

(2) 可扩展性好、开发效率高。Python 拥有非常强大的第三方库,合理使用类库和开源项目,能够快速实现功能,满足不同业务的需求。

(3) 开源性和可移植性。Python 是自由/开源源码软件(Free/Libre and Open Source Software,FLOSS)之一。使用 Python 开发程序,不需要支付任何费用,无须担心版权问题。同时,可以自由地将 Python 在多种平台间进行移植。

(4) 代码规范。Python 采用强制缩进格式,使得代码具有极强的可读性。

2. 缺点

(1) 运行速度相对较慢。相比于 C、C++、Java 等传统编程语言,Python 的运行速度稍慢,但对于用户而言,机器运行速度是可以忽略的,故用户根本感觉不到这种速度的差异。

(2) 源代码加密困难。Python 不对源代码进行编译直接执行,从而导致对源代码加密较困难。

总而言之,作为一种编程语言,Python 在兼顾质量和效率方面有很好的平衡,尤其对新手而言,Python 是一种十分友好的语言。

1.1.3　Python 的应用领域

Python 的应用领域非常广泛,几乎所有的大中型互联网企业都在使用 Python 完成各种各样的任务,例如 Google、YouTube、Dropbox、百度、新浪、搜狐、阿里、网易、知乎、豆瓣、汽车之家、美团等。概括起来,Python 的应用领域主要有以下几个方面:

（1）Web 应用开发。

（2）自动化运维。

（3）人工智能领域。

（4）网络爬虫。

（5）科学计算。

（6）游戏开发。

1.2   Python 的安装和使用

《孙子兵法》中提到："以谋为上，先谋而后动"。在学习 Python 开发时，最开始的步骤就是进行 Python 环境搭建。Python 是跨平台的语言，可以执行在 Windows、Mac OS 和各种 Linux/UNIX 系统上。（注：本书以 Windows 操作系统为例讲解 Python 最新版本的安装和运行，其他系统可以参考文档执行搭建。）

视频讲解

1.2.1   Python 的下载

Python 的官方网站是 http://www.Python.org，可以直接从官网下载 Python，如图 1.3 所示。

图 1.3   Python 官方网站首页

（1）将鼠标指针移到 Downloads 按钮上，会出现如图 1.4 所示页面。左边是操作系统平台的选择，右侧是 Windows 操作系统的快捷下载页面。

图 1.4   Download for Windows 页面

（2）单击 Windows 按钮，进入详细的下载列表。如图 1.5 所示，最上面是最新的 Python 版本，可以直接下载，也可以选择其他版本。其中"Windows x86-64 executable installer"是 64 位操作系统离线安装包,"Windows x86 executable installer"是 32 位操作系统离线安装包,读者可以根据操作系统选择下载。

图 1.5   Windows 操作系统的 Python 下载列表

（3）下载完成后,将得到名称为 Python-3.9.0-amd64.exe 的可执行文件。

1.2.2   Python 的安装

在 Windows 64 位操作系统下安装 Python 3.x 编译器的步骤如下:

（1）双击下载后得到的可执行文件 Python-3.9.0-amd64.exe,将显示安装向导对话框,如图 1.6 所示。其中,Install Now 为默认安装,这种方式下路径和设置都不能修改;Customize installation 为自定义安装,用户可以根据需要选择路径和设置;Add Python 3.9 to PATH 为设置环境变量选项,一旦选中该复选框,安装程序会自动将 Python 的相关环境变量的设置添加到注册表中,否则要在后续进行手动设置。

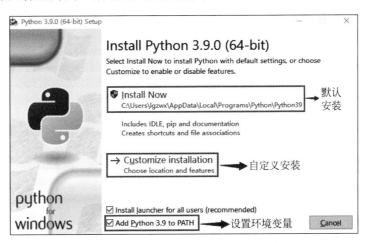

图 1.6   Python 编译器安装向导对话框

（2）如果选择 Install Now 按钮，则进行默认安装，出现如图 1.7 所示对话框。如果选择 Customize installation 按钮，则进行自定义安装，出现如图 1.8 所示对话框。

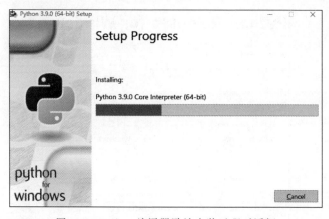

图 1.7　Python 编译器默认安装过程对话框

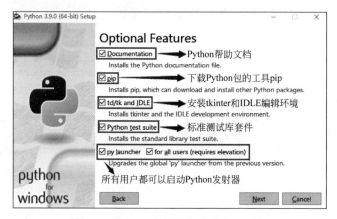

图 1.8　Python 编译器任选功能对话框

（3）在自定义安装模式下单击 Next 按钮将出现图 1.9 所示对话框。在该对话框中，用户可以自行设置安装路径，其他采用默认设置。

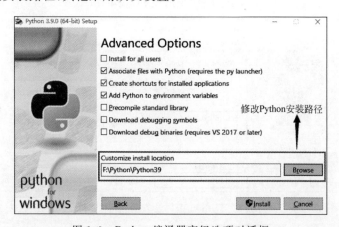

图 1.9　Python 编译器高级选项对话框

（4）单击 Install 按钮，会出现与图 1.7 完全一样的安装对话框，开始安装 Python。安装完成后会显示如图 1.10 所示对话框。

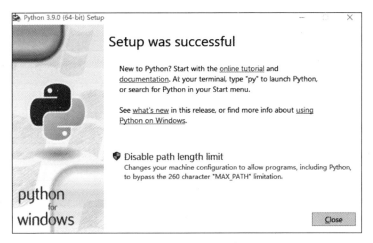

图 1.10　Python 编译器安装完成对话框

（5）Python 安装完成后，可以通过命令检测 Python 是否成功安装。按 WIN＋R 快捷键打开"运行"窗口，如图 1.11 所示。

图 1.11　打开 Windows 操作系统的"运行"窗口

输入 cmd 后单击"确定"按钮打开命令行窗口，在当前的命令提示符后面输入 Python，按下 Enter 键，如果出现如图 1.12 所示信息，则说明 Python 安装成功，同时系统进入交互式 Python 解释器中。当出现命令提示符"＞＞＞"时说明 Python 已经安装成功，可以输入 Python 命令与系统进行交互了。

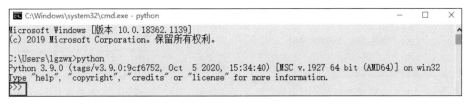

图 1.12　Windows 操作系统的"运行"窗口

（6）如果在图 1.6 所示的对话框中没有选中 Add Python 3.9 to PATH，则需要手动配置。有两种方法可以选择：

① 在命令提示框（cmd）中输入"path＝％path％；F：\Python\Python 39"并按 Enter 键

8

即可。(注意,F:\Python\Python 39 是 Python 的本地安装路径,用户可以根据安装路径进行设置。)

② 通过"计算机"的属性设置,按照如图 1.13 所示的步骤完成即可。

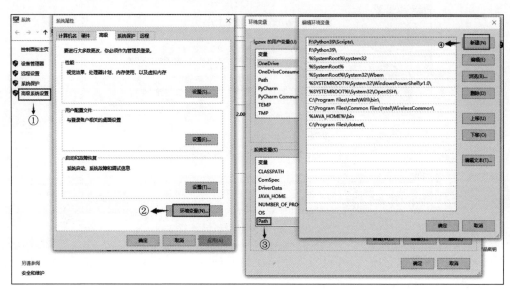

图 1.13　Windows 操作系统 Python 环境变量配置过程

视频讲解

1.2.3　Python 的执行

执行 Python 程序有 3 种方式。

1. 使用解释器执行

需要使用文本编辑器将 Python 代码保存为.py 文件(Python 程序的扩展名为.py),然后使用命令行输入。如:

(1) 使用文本编辑器工具(如记事本)创建 first.py 文件,如图 1.14 所示。

(2) 在命令提示符(cmd)中输入"python F:\Python\example\chp1\first.py"(F:\Python\example\chp1\first.py 是文件存放路径,用户可以自行选择),则会出现如图 1.15 所示的运行结果。

图 1.14　文本编辑器创建 first.py 文件

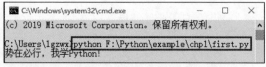

图 1.15　运行用记事本创建的 first.py 文件

说明:print('')是 Python 的内置输出函数,其作用是将引号中的内容原样输出。"#"开头的行表示单行注释。

2. 使用交互式执行

直接在终端命令中运行 Python 解释器,而不需要执行文件名。有两种方式可以选择。

（1）直接打开 Python 编辑器的运行环境，如图 1.16 所示。直接在提示符"＞＞＞"后输入命令语句就可以通过交互的方式获得执行结果。

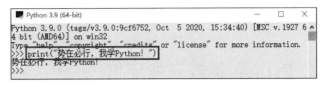

图 1.16　Python 编辑器交互环境

（2）打开 Python 自带的集成开发环境 IDLE，如图 1.17 所示。直接在提示符"＞＞＞"后输入命令语句就可以通过交互的方式获得执行结果。

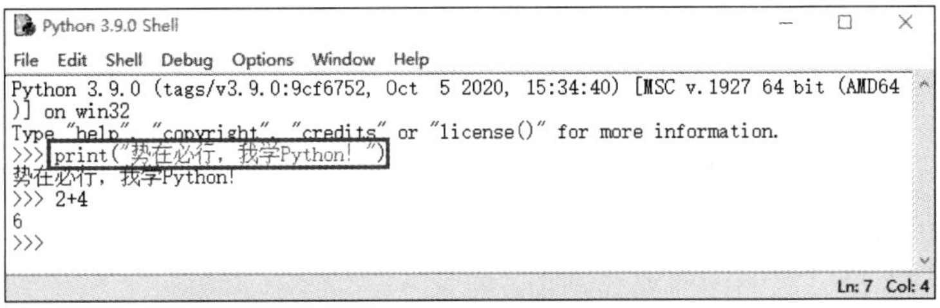

图 1.17　Python 自带 IDLE 编辑器交互环境

3. 其他方式

使用其他专用 Python 集成开发环境执行，如 Pycharm、Subinme Text、Eclipse、Visual Studio 等。

1.2.4　Python 文件的执行过程

无论 Python 使用哪种执行方式，系统都会调用 Python 解释器对文件进行解释执行。其具体过程如图 1.18 所示。

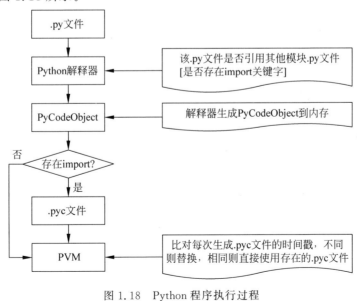

图 1.18　Python 程序执行过程

用相应的命令执行相应的.py文件后，Python会通过解释器将.py文件编译为一个字节码对象 PyCodeObject，在运行时将这个字节码对象读入内存。在内存中执行结束之后，一般情况下将字节码对象 PyCodeObject 保存到一个.pyc 文件中，这样下次就可以直接加载.pyc 文件而不需要二次编译。

1.3 Python 集成开发环境——PyCharm

Python 自带的 IDLE 或者 Python Shell 比较适合编写简单程序，但对于大型的编程项目，则需要借助专业的集成开发环境和代码编辑器。集成开发环境（Integrated Development Environment，IDE）是专用于软件开发的程序，通常会包括一个专业处理代码的编辑器，可以实现保存和重构代码文件、在环境内运行代码支持调试、语法高亮、自动补充代码格式等主要功能。支持 Python 的通用编辑器和集成开发环境有许多，PyCharm 是其中的优秀代表。

PyCharm 是 JetBrains 公司开发的一款 Python 专用 IDE 工具，是到目前为止 Python 语言最好用的集成开发工具，在 Windows、Mac OS 和 UNIX/Linux 类操作平台中均可以使用。它带有一整套可以帮助用户在使用 Python 语言开发时提高效率的工具，例如调试、语法高亮、Project 管理、代码跳转、智能提示、自动完成、单元测试、版本控制等。此外，该 IDE 还提供了一些高级功能，用于支持 Django 框架下的专业 Web 开发。

1.3.1 PyCharm 的下载

PyCharm 的官方网站是 https://www.jetbrains.com/pycharm/，可以直接从官网下载 PyCharm，如图 1.19 所示。

图 1.19　PyCharm 官方网站

单击 DOWNLOAD 按钮后，出现如图 1.20 所示的下载选项页面。

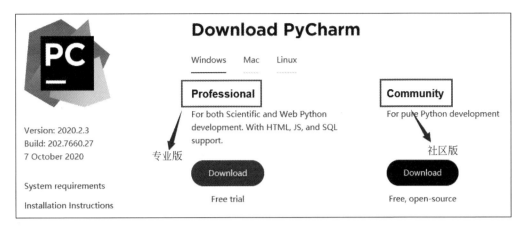

图 1.20　PyCharm 下载界面

同 Python 一样，PyCharm 也是跨平台的，可以运行在 Windows、Mac 和 Linux 操作系统中。PyCharm 有两个版本，分别为 Professional（专业版）和 Community（社区版），前者免费试用，后者免费且开源，建议使用社区版。

单击 Community 直接下载 PyCharm 的可执行安装包 pycharm-community-2020.2.3.exe。

1.3.2　PyCharm 的安装

安装 PyCharm 的步骤如下：

（1）双击下载后得到的可执行文件 pycharm-community-2020.2.3，将显示安装向导对话框，如图 1.21 所示。

图 1.21　PyCharm 安装向导一

（2）单击 Next 按钮开始安装。首先是选择安装路径，如图 1.22 所示。

（3）单击 Next 按钮出现如图 1.23 所示的安装页面，可以进行选择安装选项，读者可以根据需要进行选择，建议全部选中。

（4）单击 Next 按钮即可进行正常安装，如图 1.24 所示。

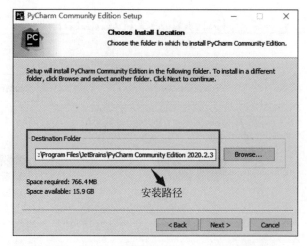

图 1.22　PyCharm 安装向导二——选择安装路径

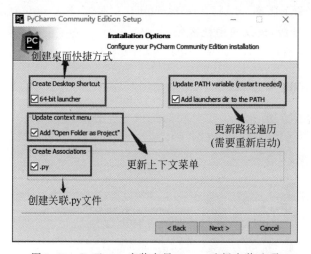

图 1.23　PyCharm 安装向导二——选择安装选项

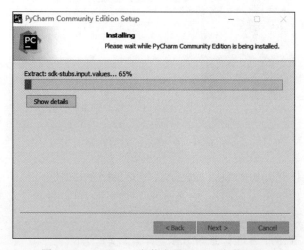

图 1.24　PyCharm 安装向导二——安装过程

（5）安装完成，如图 1.25 所示。

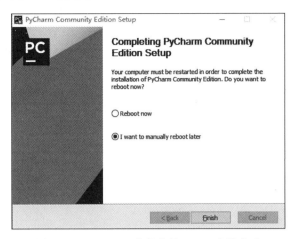

图 1.25　PyCharm 安装向导二——安装完成

1.3.3　PyCharm 的简单使用

（1）单击软件图标，如果以前有过 Python 项目，可以直接单击 Open 打开已有项目；若是第一次使用，则选择 New Project 创建新项目，如图 1.26 所示。

图 1.26　Welcome to PyCharm

（2）选择 New Project 创建新项目，出现如图 1.27 所示的选项页。Location 是新项目的存放路径，读者可以自行选择。

（3）单击 Create 按钮则会在指定路径下创建新项目，如图 1.28 所示。

注意，PyCharm 默认的背景色是黑色，可以根据需要进行调整和设置。方法是依次选择 File→Settings→Appearance & Behavior→Appearance→Theme，打开 Settings 选项页，如图 1.29 所示。

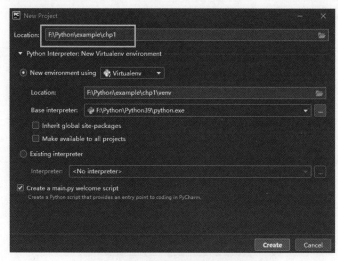

图 1.27　创建新项目选项页

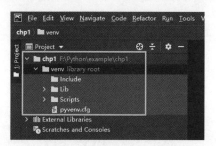

图 1.28　创建好的新项目

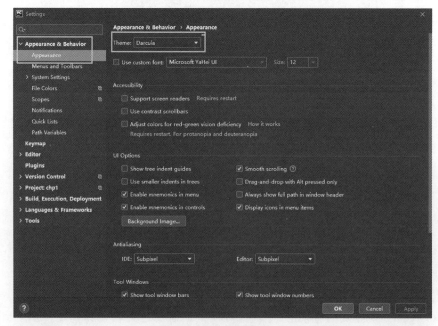

图 1.29　更换主题格式

其中，Theme 表示主题格式，默认为 Darcula，读者可以根据自身需要选择合适的主题格式，若选择 IntelliJ Light，则出现如图 1.30 所示的 PyCharm 主窗口。

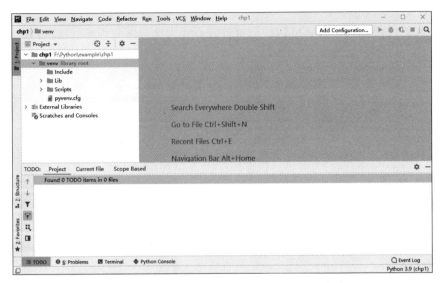

图 1.30　IntelliJ Light 主题格式下的 PyCharm 主窗口

（4）下一步是创建.py 文件。依次单击 File→New→Python File，出现如图 1.31 所示页面，在上面的空白行输入文件名（如 first），出现如图 1.32 所示的 PyCharm 主窗口。

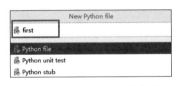

图 1.31　为新.py 文件命名

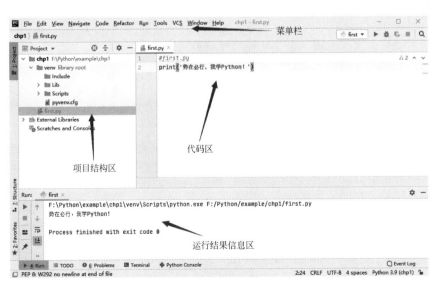

图 1.32　PyCharm 主窗口

（5）依次单击 Run→Run 'first'或者按快捷键 Shift＋F10 即可运行程序。

1.3.4 PyCharm 的常用快捷键

熟练使用 PyCharm 集成环境的快捷键可以有效提高程序开发的效率。PyCharm 常用快捷键如表 1.1 所示。

表 1.1　PyCharm 常用快捷键

分　类	快捷键	功　能	快捷键	功　能
编辑类	Ctrl＋D	复制选定的区域或行	Ctrl＋Y	删除选定的行
	Ctrl＋Alt＋L	代码格式化	Ctrl＋Alt＋O	优化导入
	Ctrl＋鼠标	进入代码定义	Ctrl＋/	行注释/取消注释
	Ctrl＋左方括号	快速跳到代码开头	Ctrl＋右方括号	快速跳到代码末尾
替换/查找类	Ctrl＋F	当前文件查找	Ctrl＋R	当前文件替换
	Ctrl＋Shift＋F	全局查找	Ctrl＋Shift＋R	全局替换
运行类	Shift＋F10	运行	Shift＋F9	调试
	Alt＋Shift＋F10	运行模式配置	Alt＋Shift＋F9	调试模式配置
调试类	F8	单步调试	F7	进入函数内部
	Shift＋F8	退出	Ctrl＋F8	断点开关
	Ctrl＋Shift＋F8	查看所有断点	—	—
导航类	Ctrl＋N	快速查找类	连续按 Shift 两次	全局搜索

视频讲解

1.4　Python 发展历程——创新共享

1.4.1　Python 的创新

有关 Python 的诞生，统一的说法是：“1989 年 12 月的圣诞节，Python 的创始人 Guido van Rossum 为打发时间决定开发一种新的脚本解释语言作为 ABC 语言的继承者。”事实上，看似偶然的发生实则一定是某种必然研究的产物。

1982 年，Guido 从阿姆斯特丹大学获得数学和计算机硕士学位。尽管他算得上是一位数学家，但他更加享受计算机带来的乐趣。用他的话说，尽管拥有数学和计算机双料学位，但他还是趋向于做计算机相关的工作，并热衷于做任何和编程相关的工作。

当时 Guido 接触并使用过 Pascal、C、Fortran 等语言。这些语言的基本设计原则是让机器能更快运行。在 20 世纪 80 年代，虽然 IBM 和苹果已经掀起了个人计算机浪潮，但这些个人计算机的配置很低。所有的编译器的核心是做优化，以便让程序能够运行。为了增进效率，语言也迫使程序员像计算机一样思考，以便能写出更便于机器运行的程序，程序员恨不得榨取出计算机每一寸的能力。这种编程方式让 Guido 感到苦恼。Guido 知道如何用 C 语言写出一个功能，但整个编写过程需要耗费大量的时间，即使他已经准确地知道了如何实现。他的另一个选择是 shell。Bourne Shell 作为 UNIX 系统的解释器已经长期存在。UNIX 的管理员们常常用 shell 去写一些简单的脚本，以进行一些系统维护的工作，例如定期备份、文件系统管理等。shell 可以像胶水一样，将 UNIX 下的许多功能连接在一起。许多 C 语言中上百行的程序,在 shell 下只用几行就可以完成。然而,shell 的本质是调用命令,它并不是一个真正的语言。例如,shell 没有数值型的数据类型,加法运算都很复杂。总之,shell 不能全面地调动计算机的功能。

Guido 希望有一种语言能够像 C 语言那样,既能全面调用语言计算机的功能接口,又可以像 shell 那样轻松地编程。ABC 语言让 Guido 看到希望。ABC 语言是由荷兰的数学和计算机研究所开发的。Guido 在该研究所工作,并参与了 ABC 语言的开发。ABC 语言以教学为目的,与当时的大部分语言不同,ABC 语言的目标是"让用户感觉更好"。ABC 语言希望让语言变得容易阅读,容易使用,容易记忆,容易学习,以此激发人们学习编程的兴趣。尽管已经具备了良好的可读性和易用性,但 ABC 语言最终没有流行起来。究其原因,一是 ABC 语言编辑器需要高配置的硬件设备;二是语言本身存在一些设计上的缺陷,如可拓展性差、不能直接进行输入输出、与现实世界的理念脱节、所需空间较大等。

正是基于上述的研究和发现,Guido 才决定开发一种既能满足要求又易于传播的程序设计语言,这就是设计 Python 的初衷。

1.4.2　Python 的共享

Python 是开源语言,是 FLOSS(自由/开放源码软件)之一。Python 的所有版本都是开源的(有关开源的定义可以参阅 https://opensource.org/)。这意味着使用者可以自由地发布这个软件的副本、阅读它的源代码、对它做改动、把它的一部分用于新的自由软件中,而不会涉及版权的问题,因此越来越多的人愿意使用和开发 Python,为 Python 的迅速发展奠定了良好的基础。

Python 的崛起也与其语言特征有关。Python 除具有大多数主流编程语言的优点(面向对象、语法丰富)之外,其最直观的特点是简明优雅、易于开发,用尽量少的代码完成更多工作,故 Python 又被称为"内置电池"和"胶水语言"。Python 语言自带非常完善的标准库,包括网络编程、输入输出、文件系统、图形处理、数据库、文本处理等,让编程工作看起来更像是在"搭积木"。除了内置库外,开源社区和独立开发者长期为 Python 贡献了丰富的第三方库。所有这些都是大家自由共享的。另一方面,Python 被设计成具有可扩展性,它提供了丰富的 API 和工具,以便开发者轻松使用 C、C++等主流编程语言编写的模块来扩充程序。就像使用胶水一样把用其他编程语言编写的模块黏合过来,让整个程序同时兼备其他语言的优点,起到黏合剂的作用。

正是这种开源和共享特性使得 Python 快速发展着。

1.4.3　对我们的启示

从 Python 的发展历程可以清楚看出,创新和共享是其得以迅速发展的两大关键因素。

厚积薄发,创新发展,以"水滴石穿"的韧劲为创新提质。Python 的创始人 Guido 在多年的学习和工作中,对所使用的开发工具中存在的问题进行挖掘、研究和提炼,从而创造了 Python 语言这一新生事物。

万众一心,共享成功,以"追求卓越"的闯劲为共享加分。Python 正是借助众人的力量,置于大众编程的洪流中,同时迎合大数据、人工智能的开发热潮,从而迅速占领编程语言的市场。

创新改变未来,共享席卷浪潮。中国梦是全民梦。要现实这个伟大的梦想,闭门造车、故步自封都是不可取的。要实现中华民族伟大复兴的中国梦,就必须具有强大的科技实力和创新能力,同时也要开放思想,锐意进取,推动共享理念在中国发展的进程,与大家共享成功之路。

1.5　本 章 小 结

本章首先对 Python 的发展历程、优缺点和应用领域等进行简单的介绍。接下来阐述如何下载和安装 Python 编辑器,并且通过一个实例介绍如何使用 Python 编辑器。第三部分介绍常用的 Python 集成开发环境——PyCharm。最后通过 Python 发展的历程,进行思政引导——创新发展的理念。搭建和使用 Python 编辑环境是本章学习的重点。

1.6　巩 固 训 练

【训练 1.1】下载并安装 Python 解释器。

【训练 1.2】下载并安装 PyCharm 集成开发工具。

【训练 1.3】使用 Python 自带的 IDLE 输出王之涣的《凉州词》。

运行结果:

```
        《凉州词》
            王之涣
黄河远上白云间,一片孤城万仞山.
羌笛何须怨杨柳,春风不度玉门关.
单于北望拂云堆,杀马登坛祭几回.
汉家天子今神武,不肯和亲归去来.
```

【训练 1.4】使用 PyCharm 开发工具输出毛泽东名言。

运行结果:

```
一万年太久,只争朝夕.
天若有情天亦老,人间正道是沧桑.
踏遍青山人未老,风景这边独好.
男儿立志出乡关,学不成名誓不还!
更喜岷山千里雪,三军过后尽开颜.
            ——毛泽东
```

第 2 章　Python 语法基础

能力目标

【应知】　熟悉 Python 的关键字和标识符、变量的含义,了解 Python 的编程习惯。

【应会】　掌握 Python 语言的运算符和表达式、变量的使用、基本数据类型、标准输入和输出。

【难点】　运算符的优先级和结合性,print()函数的使用。

知识导图

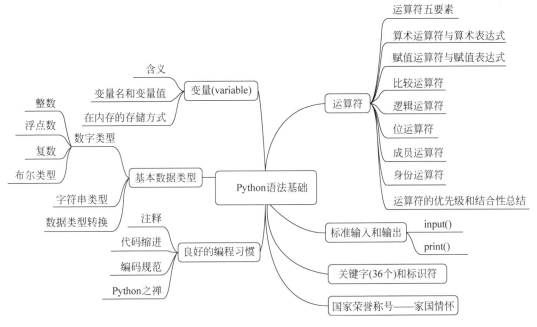

2.1　关　键　字

视频讲解

Python 预先定义了一部分有特定含义的单词,用于语言自身使用,这部分单词被称为关键字(keyword)或者保留字。在程序开发时,不可以把关键字作为变量、函数、类、模块或者其他对象的名称来使用,否则会引起异常。随着 Python 语言的发展,其预留的关键字也会所有变化。Python 3.9 语言的关键字及其说明见表 2.1。

表 2.1　Python 3.9 的关键字(36 个)及其说明

关键字	说　明	关键字	说　明
and	用于表达式运算,逻辑与操作	if	条件语句,与 else、elif 结合使用
as	用于类型转换	import	用于导入模块,与 from 结合使用
assert	断言,用于判断变量或者条件表达式的值是否为真	in	判断变量是否在序列中
async	用于声明一个函数为异步函数	is	判断变量是否为某个类的实例
await	用于声明程序被挂起	lambda	定义匿名函数
break	中断循环语句的执行	nonlocal	用于封装函数中,且一般使用于嵌套函数
class	用于定义类	not	用于表达式运算,逻辑非操作
continue	继续执行下一次循环	none	表示什么也没有,数据类型为 NoneType
def	用于定义函数或方法	or	用于表达式运算,逻辑或操作
del	删除变量或者序列的值	pass	空的类、方法或函数的占位符
elif	条件语句,与 if、else 结合使用	raise	异常抛出操作
else	条件语句,与 if、elif 结合使用。也用于异常和循环语句	return	用于从函数返回计算结果
except	except 包含捕获异常后的操作代码块,与 try、finally 结合使用	try	try 包含可能会出现异常的语句,与 except、finally 结合使用
finally	用于异常语句,出现异常后,始终要执行 finally 包含的代码块。与 try、except 结合使用	True	布尔类型,表示真
for	for 循环语句	while	while 循环语句
from	用于导入模块,与 import 结合使用	with	简化 Python 的语句
False	布尔类型,表示假	yield	用于从函数依次返回值
global	定义全局变量	peg parser	基于 PEG 的新解析器

可以使用语句"help("keywords")"查看 Python 系统的关键字。执行结果如图 2.1 所示。

```
>>> help("keywords")

Here is a list of the Python keywords.    Enter any keyword to get more help.

False           class           from            or
None            continue        global          pass
True            def             if              raise
and             del             import          return
as              elif            in              try
assert          else            is              while
async           except          lambda          with
await           finally         nonlocal        yield
break           for             not             Peg parser
```

图 2.1　查看 Python 中的关键字

2.2　标　识　符

视频讲解

Python 中的标识符(identifier)是用于识别变量、函数、类、模块以及其他对象的名称。其命名规则为:

（1）由大小写字母、数字和下画线组成，但只能以字母或者下画线开头。

（2）不能包括除下画线以外的其他任何特殊字符，如％、♯、&、、等。

（3）不能包含换行符、空格和制表符等空白字符。

（4）不能使用 Python 的关键字和约定俗成的名称等，如 print。

（5）Python 区分字母大小写。如 Number 和 number 是两个不同的标识符。

例如，name、a、a_10、_name 等均为合法标识符。

10_name（以数字开头）、if（Python 关键字）、￥10（包含特殊字符）、sno-sname（包含特殊字符一）等均为不合法标识符。

2.3　变　　量

视频讲解

“变量”（variable）来源于数学，是计算机语言中能存储并计算结果或能表示值的抽象概念。例如，某个家庭的收入记录，如图 2.2(a)所示。

```
"""
某家庭的收支记录
月收入=15000
水费=200
电费=500
通讯费=1000
伙食费=2000
房贷=8000
"""
print("这个家庭的月存款为",end="")
print(15000-200-500-1000-2000-8000)
```

```
#使用标签（变量）
income=15000            #表示月收入
water_rate=200          #表示水费
elec_charge=500         #表示电费
corres_fee=1000         #表示通讯费
board_wages=2000        #表示伙食费
house_loan=8000         #表示房贷
print("这个家庭的月存款为",end="")
print(income-water_rate-elec_charge-corres_fee-board_wages-house_loan)
```

　　　　(a)　　　　　　　　　　　　　　　　　　(b)

图 2.2　变量的示例

这种表达存在两个问题：第一，必须记住每个数字表示的含义；第二，每个月都要重新计算一遍，无法简化或者统计。为解决这些问题，我们可以将上述程序段修改为图 2.2(b)所示程序段。

很明显，每个数字代表什么含义非常清楚，每月计算时只要对变量重新赋值即可。

2.3.1　变量的含义

变量，顾名思义就是可以改变的量（如例子中的 income、water_rate 等），也可以理解为标签。变量根据本身的类型分配一段内存空间，而变量名则是这段空间的标签。在使用变量时，不需要知道它在内存的实际存储地址，只需告诉 Python 编辑器此变量的标签，编辑器就可以通过标签引用内存的实际内容，如图 2.3 所示。

图 2.3　变量的含义

2.3.2　变量名和变量值

在 Python 中,不需要事先定义变量名及其类型,在需要使用该变量时,直接为变量名赋值,语法格式为:

variable_name = variable_value

直接将变量值使用赋值号赋给变量名即可创建各种类型的变量。其中变量值既可以是常量,也可以是已经定义过的变量名。

说明:

(1) 其功能是将变量值(variable_value)赋值给变量名(variable_name)。

(2) 变量名(variable_name)不能随意指定,必须满足标识符命名规则,同时要做到"见名知意"。

(3) 在 Python 语言中,指定变量名的同时必须强制赋初值,否则编译器会报错。例如:

>>> a　#a 变量未赋初值,编译器会报错: NameError: name 'a' is not defined

(4) Python 是一种动态类型语言,即变量的类型(详见 2.4 节)随着变量值的变化而变化。例如:

>>> a = 10;
>>> print(type(a))　　　　　　　 #运行结果为< class 'int'>
>>> a = "武汉加油,中国必胜!"
>>> print(type(a))　　　　　　　 #运行结果为< class 'str'>

内置函数 type()的功能是返回变量类型。

2.3.3　变量在内存的存储

在高级语言中,变量是对内存及其地址的抽象。对于 Python 而言,Python 的一切变量都是对象,变量的存储采用了引用语义的方式,存储的只是一个变量值所在的内存空间,而不是变量值本身。在定义和使用变量时,在内存将产生两个动作:一是先为变量值(通常为常量)开辟内存空间;二是将变量名与内存空间相关联。即赋值语句是建立对象的引用,而不是赋值对象,因此 Python 变量更像 C 语言的指针,而不是数据存储区域。图 2.4 用两张图分别表示 Python 中变量存储与 C 语言中变量存储的区别。

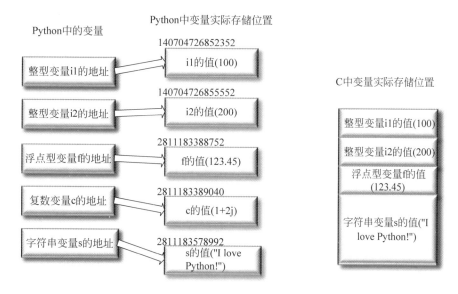

图 2.4　Python 与 C 语言中变量存储的区别

2.4　基本数据类型

众所周知,面向对象语言的特点为"万物皆为对象"。世界纷繁复杂,万物多种多样,数字、文本、图形等多种类型并存。计算机内存需要对这些类型各异的数据进行处理和存储。例如,要存储一个学生信息,其属性有姓名、学号、性别、年龄、家庭住址等,则姓名、学号、家庭住址等属性可以用字符串类型存储,年龄可以用数字类型存储,性别既可以用字符串类型存储也可以用布尔类型存储。当然,需要把一个学生的全部信息作为整体存储,就需要用到列表、元组、字典等高级数据类型,而要存储若干个学生信息,则要用到集合数据类型。Python 数据类型如图 2.5 所示。

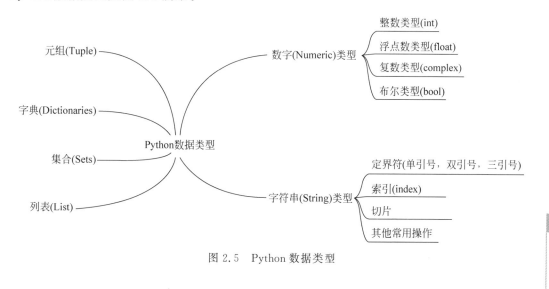

图 2.5　Python 数据类型

本章只介绍简单数据类型(数字类型、字符串类型),高级数据类型(列表、元组、字典以及集合)将在第 4 章介绍。

2.4.1 数字类型

视频讲解

Python 中的数字(numeric)类型与数学中的数字(digit)是一致的,可以分为整数(int)、浮点数(float)、复数(complex)和布尔(bool)4 类。

1. 整数类型

整数也称为整型,用来表示整数数值,可以是正整数、负整数或者 0。在 Python 3 中,整数是没有限制大小的,但实际上由于机器内存的限制,使用的整数不可能是无限大的。

整数有 4 种表现形式:

(1) 二进制(bigit)整数——用 0 和 1 两个数码表示,基数为 2,逢二进一,并且以"0b"或者"0B"开头,如 0b101(十进制 5)、0B10001000(十进制 528)。

(2) 八进制(octal)整数——用 0~7 共 8 个数码表示,基数为 8,逢八进一,并且以"0o"或者"0O"开头,如 0o123(十进制 83)、−0O2345(十进制−1253)。

(3) 十进制(decimal)整数——最常用的进制形式,用 0~9 共 10 个数码表示,基数为 10,逢十进一。

(4) 十六进制(hexadecimal)整数——用 0~9 以及 a/A、b/B、…、f/F 共 16 个数码表示,基数为 16,逢十六进一,并且以"0x"或者"0X"开头,如 0x123(十进制 291)、0X23ab(十进制 9131)。

```
>>> a = 100
>>> print(a)          # 输出 100
>>> print(bin(a))     # 输出 0b1100100
>>> print(oct(a))     # 输出 0o144
>>> print(hex(a))     # 输出 0x64
```

2. 浮点数类型

Python 中的浮点数类型与数学中的实数的概念一致,表示带有小数的数值,例如 0.123、−123.456 等。浮点数类型有两种表示形式:小数表示法(如 1.0、2.3、−3.14 等)和指数表示法(如 56e4、12E-2 等)。

注意,用指数表示法表示小数时,指数 e/E 的前面必须有数值,后面必须是整数。否则会抛出异常。例如:

```
>>> a = e2            # NameError: name 'e2' is not defined
>>> b = 0.2e - 0.2    # SyntaxError: invalid syntax
```

3. 复数类型

Python 中的复数类型与数学中的复数的概念一致,都由实部和虚部组成,并且使用 j 或者 J 表示虚数部分。如 1.58+4j、0.237+0.8J 等。

4. 布尔类型

布尔类型表示逻辑值真(True)和假(False),在数学运算中对应 1 和 0。0、空字符串、空列表、空元组或者空字典等,对应的布尔值都是 False。

【实例2.1】 输出学生信息。

```
1   sno, sage, ssex = 10001, 20, True      #多个变量赋值
2   print("学生信息为：")
3   print("学号：" + str(sno))              #函数 str()表示将其他类型转换为字符串类型
4   print("年龄：" + str(sage))
5   if ssex == True:                        #选择结构
6       print("性别：男")
7   else:
8       print("性别：女")
```

运行结果：

```
学生信息为：
学号：10001
年龄：20
性别：男
```

说明： str()函数的功能是将参数类型转换为字符串类型,if 语句用于进行条件选择。

【实例2.2】 复数的四则运算。

```
1   a, b = 1 + 2j, 2 + 3j                              #声明复数变量 a,b 并赋初值
2   print(str(a) + "+" + str(b) + "=" + str(a + b))    #输出 a+b
3   print(str(a) + "-" + str(b) + "=" + str(a - b))    #输出 a-b
4   print(str(a) + "*" + str(b) + "=" + str(a * b))    #输出 a*b
5   print(str(a) + "/" + str(b) + "=" + str(a / b))    #输出 a/b
```

运行结果：

```
(1 + 2j) + (2 + 3j) = (3 + 5j)
(1 + 2j) − (2 + 3j) = ( − 1 + − 1j)
(1 + 2j) * (2 + 3j) = ( − 4 + 7j)
(1 + 2j)/(2 + 3j) = (0.6153846153846154 + 0.076923076923076691j)
```

2.4.2　字符串类型

视频讲解

　　字符串(string),顾名思义就是一串字符,可以是计算机能表示的任意字符。在 Python 中,字符串用单引号(')、双引号(")或者三引号(''')作为定界符(成对表示)。这 3 种形式只是表示形式上的差别,在语义上是等价的。例如：

```
>>> nationality1 = 'Chinese'
>>> nationality2 = "中国"
>>> oath = '''我爱中国!'''
```

　　说明：

　　(1)字符串开始和结束的定界符必须一致。

（2）字符串定界符可以嵌套。例如，'孔子曰："三人行，则必有我师。"'是合法的字符串。

（3）单引号和双引号内的字符串通常写在一行，而如有多行连续字符，则可以使用三引号定界符。

【实例 2.3】 输出灯笼图形。

```
1   print('''
2                         $
                  $       |       $
3           _____
4           @@@@@@@@@@@@@@@@@@@@@@@@@@@
            /     |     |     |     \
5           |           过年好           |
            \     |     |     |     /
6           @@@@@@@@@@@@@@@@@@@@@@@@@@@
7           _____
                    *******
8                   $$$$$$$
                    $$$$$$$
9                   |||||||
10
    ''')
11
```

运行结果：

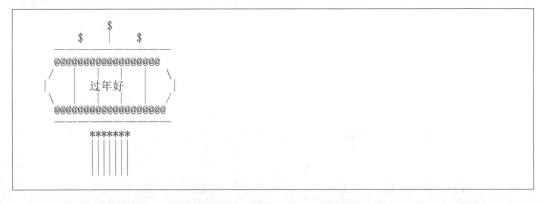

（4）输出字符串时是不包含定界符的，如果想要输出引号本身，就需要使用转义字符。

转义字符是以反斜杠"\"开头，且后面跟一个或几个字符，对一些特殊字符赋予另外含义的字符。常用的转义字符及其含义见表 2.2。

表 2.2　常用的转义字符及其含义

转义字符	含　义
\（在行尾时）	续行符
\\	反斜杠符号，代表反斜杠字符"\"本身
\'	单引号符号，代表单引号字符本身

转义字符	含　　义
\"	双引号符号,代表双引号字符本身
\a	响铃(BEL)
\b	退格(BS),将当前位置移到前一列
\000	空字符(NULL)
\n	换行(LF),将当前位置移到下一行开头
\v	纵向制表符(VT),跳到本列的下一个 Tab 位置。(Python 中,一个 Tab 位置为 4 个空格)
\t	横向制表符(HT),跳到本行的下一个 Tab 位置
\r	回车(CR),将当前位置移动本行开头
\f	换页,将当前位置移到下页开头
\ddd	1~3 位八进制数所代表的任意字符
\xdd	1~2 位十六进制数所代表的任意字符

【实例 2.4】 转义字符示例。

```
1  print("abcDD\bd\\eee")
2  print("Hello,Python\nPy\t\tthon!")
3  print("abcdefghijklm\rabc")
4  print("\117\113\x21")
```

运行结果:

```
abcDd\eee
Hello,Python
Py          thon!
abc
OK!
```

下面介绍字符串类型的常用操作。

1. 索引(Index)

字符串是字符的有序集合,可以通过其位置获得相应的元素值。在 Python 中,字符串的字符是通过索引获取的。语法格式为:

```
string_name[index]
```

说明:

(1) 索引即下标,是一个整型数据。

(2) 索引可以从左向右(正向索引),取值范围为 0~len(string_name)−1;也可以从右向左(反向索引),取值范围为−1~−len(string_name)。

其中,内置函数 len() 表示字符串的长度。

【实例 2.5】 正向索引和反向索引示例。

```
1  s = 'Hello,Python!'
2  print("字符串\"" + s + "\"的长度为: " + str(len(s)))
```

```
3    print("正向索引: ")
4    print("第 0 个元素: " + s[0])              ♯索引值从 0 开始
5    print("第 2 个元素: " + s[2])
6    print("第 10 个元素: " + s[10])
7    print("反向索引: ")
8    print("最后一个元素: " + s[-1])
9    print("倒数第二个元素: " + s[-2])
10   print("倒数第五个元素: " + s[-5])
```

运行结果:

```
字符串"Hello, Python!"的长度为: 13
正向索引:
第 0 个元素: H
第 2 个元素: l
第 10 个元素: o
反向索引:
最后一个元素: !
倒数第二个元素: n
倒数第五个元素: t
```

(3) 索引值不能越界,否则会抛出"IndexError: string index out of range"的错误。

2. 切片(Slice)

切片也称为分片,其功能是取出操作对象(字符串、列表、元组等)的一部分。语法格式为:

```
string_name[start_index : end_index : step]
```

说明:

(1) step 默认值为 1。

(2) step 的值可以为正数也可以为负数,其绝对值大小决定了切取字符的"步长",而正负号决定了"切取方向"。当 step>0 时,切取方向从左向右,为正向切片;当 step<0 时,切取方向从右向左,为反向切片。但 step 不能等于 0,否则会引起"ValueError: slice step cannot be zero."的错误。

(3) start_index 表示起始索引(包含该索引本身)。该参数取默认值时,表示从对象"端点"开始取值,至于是"起点"还是"终点"取决于切取方向。

(4) end_index 表示终止索引(不包含该索引本身)。该参数取默认值时,表示一直切取到对象的"端点"。

【实例 2.6】 正向切片示例。

```
1    s = "学 Python,大家一起在努力!"
2    print("字符串\"" + s + "\"的长度为: " + str(len(s)))
3    print(s[1: 10: 2])              ♯正向切片且 step = 2
4    print(s[1: 10])                 ♯正向切片且第三个参数取默认值,即 step = 1
```

```
5 │ print(s[ : ])      #正向切片,且三个参数均为默认值,即 start_index = 0, end_index = len(s) - 1,
  │                    # step = 1
6 │ print(s[ : 5])     #正向切片,且第一个参数和最后一个参数为默认值,即 start_index = 0,
  │                    # step = 1
7 │ print(s[4 : : ])   #正向切片,且后两个参数为默认值,即 end_index = len(s) - 1, step = 1
8 │ print("start_index > end_index" + s[4:1])#正向切片,且 start_index > end_index,输出
  │                    #结果为空
9 │ print("start_index == end_index" + s[4:4])   #正向切片,且 start_index == end_index,
  │                    #输出结果为空
```

运行结果:

```
字符串"学 python,大家一起在努力!"的长度为: 16
pto,家
python,大家
学 python,大家一起在努力!
学 pyth
hon,大家一起在努力!
start_index > end_index
start_index == end_index
```

【实例 2.7】 反向切片示例。

```
1 │ s = "学 Python,大家一起在努力!"
2 │ print(s[9 : 0 : - 2])   #反向切片且 step = - 2
3 │ print(s[9 : 0 : - 1])   #反向切片且 step = - 1
4 │ print(s[ : : - 1])      #反向切片,且前两个参数均为默认值,即 start_index = len(s) - 1,
  │                        # end_index = 0
5 │ print(s[ : 5 : - 1])    #反向切片,且第一个参数为默认值,即 start_index = 0
6 │ print(s[4 : : - 1])     #正向切片,且后两个参数为默认值,即 end_index = len(s) - 1,
  │                        # step = 1
```

运行结果:

```
家,otp
家大,nohtyp
!力努在起一家大,nohtyp 学
!力努在起一家大,n
htyp 学
```

(5) 切片操作也可以连续进行。如:

```
>>> s = "abcdefghijklmn"
>>> t = s[ : 8][2 : 5][- 1 : ]
>>> print(t)
```

则字符串 t 的值为"e"。

其执行过程为:首先执行 s[: 8](start_index = 0,end_index = 7,step = 1),结果为字

符串"abcdefgh"；接着执行 s[：8][2：5]，是在 s[：8]结果字符串"abcdefgh"的基础上继续
切片(start_index＝2，end_index＝4，step＝1)，结果为字符串"cde"；最后执行 s[：8][2：
5][－1：]，实际上是对字符串"cde"进行反向切片，结果为"e"。可以将上面程序段改为：

```
>>> s = "abcdefghijklmn"
>>> t1 = s[:8]
>>> print(t1)
>>> t2 = t1[2:5]
>>> print(t2)
>>> t3 = t2[-1:]
>>> print(t3)
```

（6）切片的 3 个参数均可用表达式表示。如：

```
>>> s = "Study hard and make progress every day"
>>> t = s[2 + 1:3 * 11:10 % 4]    #等价于 t[3:33:2]
```

则字符串 t 的值为"d adadmk rgesee"。

（7）start_index，end_index，step 均可同时取整数，也可同时取负数，还可以正负数混
合使用。但必须遵循一个原则，即取值顺序必须是相同的，否则无法正确切取数据。

3. 其他常用的字符串运算

（1）字符串连接：可以使用"＋"运算符将两个或者多个字符串连接起来。如：

```
>>> s1 = "行路难,行路难,"
>>> s2 = "多歧路,今安在?"
>>> s3 = "长风破浪会有时,"
>>> s4 = "直挂云帆济沧海."
```

则 s1＋s2＋s3＋s4 的结果为字符串"行路难,行路难,多歧路,今安在？长风破浪会有时,直
挂云帆济沧海。"

（2）重复输出字符串：可以使用"＊"将一个字符串输出多次。如：

```
>>> s = "Constant dropping wears the stone. "
>>> print(s * 3)
```

则输出结果为：

```
Constant dropping wears the stone. Constant dropping wears the stone. Constant dropping wears
the stone.
```

（3）判断是否包含给定字符或字符串：可以使用 in 或者 not in 判断字符串是否包含给
定字符或者字符串，返回布尔值 True 或者 False。如：

```
>>> print('H' in 'Hello')          #输出 True
>>> print('He' not in 'Hello')     #输出 False
```

（4）原始字符串符号 r/R。

原始字符串是指所有的字符串都直接按照字面意思来使用，没有转义特殊或不能输出
的字符，即转义字符失效。其语法格式是在字符串的第一个引号前加字母 r 或者 R。如：

```
>>> print("C:\Windows\System32\drivers\n-Us")
```

这句话的本意是想输出目录,但由于转义字符的作用,实际输出结果为:

C:\Windows\System32\drivers
- Us

可以使用:

```
>>> print(r"C:\Windows\System32\drivers\n - Us")
```

则输出结果为:

C:\Windows\System32\drivers\n - Us

2.4.3 数据类型转换

使用 Python 处理数据时,不可避免地要进行数据类型之间的转换,如整型和字符串之间的转换。转换有隐式转换和显式转换,隐式转换也称自动转换,不需要做特殊处理。显式转换也称为数据类型的强制类型转换,通过内置函数实现。表 2.3 列出了 Python 中常用的数据类型转换函数。

表 2.3　Python 中常用的数据类型转换函数

函　　数	描　　述	实　　例
int(x)	将 x 转换为一个十进制的整数	int(3.1415926) → 3
float(x)	将 x 转换为一个浮点数	float(3) → 3.0
complex(real[,imag])	创建一个复数	complex(1,2) → (1+2j)
str(x)	将 x 转换为字符串	str(3.1415926) → '3.1415926'
repr(x)	将 x 转换为表达式字符串	repr("name") → "'name'"
eval(x)	计算在字符串中的有效 Python 表达式,并返回一个对象	eval("3 * 8") → 24
chr(x)	将整型 x 转换为一个字符	chr(10) → '\n'
ord(x)	将字符 x 转换为对应的整数值	ord('\n') → 10
hex(x)	将整数 x 转换为对应的十六进制字符串	hex(100) → '0x64'
oct(x)	将整数 x 转换为对应的八进制字符串	oct(100) → '0o144'

2.4.4 常用数学函数和字符串函数

Python 提供了丰富的集成了内置函数的模板库对各种数据进行处理,表 2.4 列出了常用的内置数学函数和字符串函数(关于函数的具体概念将在第 5 章中详细介绍)。

表 2.4　Python 中常用的内置数学函数和字符串函数

函　　数	描　　述	实　　例
abs(x)	求数值 x 的绝对值	abs(−1.2) → 1.2
min(x1,x2,…,xn)	求数值 x1,x2,…,xn 的最小值	min(10,20,5,−3,100) → −3
max(x1,x2,…,xn)	求数值 x1,x2,…,xn 的最大值	max(10,20,5,−3,100) → 100
sqrt(x)	求数值 x 的算术平方根	math. sqrt(10) → 3.1622776601683795

续表

函　　数	描　　述	实　　例
ceil(x)	对数值 x 向上取整数	math. ceil(−3.5) → −3
floor(x)	对数值 x 向下取整数	math. floor(−3.5) → −4
len(str)	求字符串 str 的长度	len("I love China!") → 13
str. upper()	将字符串 str 全部大写	"I love China!". upper() → 'I LOVE CHINA!'
str. lower()	将字符串 str 全部小写	"I love China!". lower() → 'i love china!'
str. find(c)	在字符串 str 中查找字符串 c,如果有返回索引位置,没有则返回 −1	"I love China!". find("China") → 7 "I love China!". find("china") → −1
str. replace(old,new)	将字符串 str 中 old 字符串用 new 字符串代替	" I love China!". replace (" China ", "Python")→'I love Python!'
str. strip()	去除字符串 str 两侧的空格	" China ". strip() → 'China'

视频讲解

2.5　运算符和表达式

运算符(operator)是说明特定操作的符号,是构造 Python 语言表达式的工具。Python 语言的运算符异常丰富,除控制语句和输入输出以外的几乎所有的基本操作都可以由运算符来完成。除常见的算术运算符、赋值运算符、比较运算符和逻辑运算符外,还有一些用于完成特殊任务的运算符,如位运算符、成员运算符、身份运算符等。

使用运算符将不同类型的常量、变量、函数或者表达式按照一定的规则连接起来的式子称为表达式(expression)。如 5+3 为算术表达式,a=10 为赋值表达式等。

2.5.1　运算符五要素

对于每个运算符,需要从 5 个方面把握,简称为运算符五要素。

(1)运算符符号及其运算规则,即运算符的功能。如"+"作为算术运算符可以实现两个数相加。

(2)运算对象的类型和个数。

(3)运算结果的类型。

(4)运算符的优先级。

(5)运算符的结合性。

2.5.2　算术运算符与算术表达式

算术运算符也称为数学运算符,主要用来对数字进行数学计算,如加、减、乘、除等。表 2.5 列出了 Python 支持的基本算术运算符。

表 2.5　Python 的基本算术运算符

运算符	描　　述	实　　例
＋	加:两个对象相加	10.23+30 的结果为 40.23
－	负号:得到一个负数	a=10,则−a 为−10
	减:两个对象相减	123.45−80 的结果为 43.45

运算符	描　　述	实　　例
*	乘：两个对象相乘	8 * 3.6 的结果为 28.8
/	除：两个对象相除	1/2 的结果为 0.5
%	求余或者取模：返回除法的余数	10%4 的结果为 2
//	取整除：返回商的整数部分，其为向下取整	9//2 的结果为 4　　 −9//2 的结果为−5
**	幂：求两个对象的幂	2 ** 5 的结果为 32

说明：

（1）"−"运算符作为负数符号时，为一元运算符，其余全为二元运算符。 * 、/、%、//的优先级高于＋、−，结合性全为左结合。

（2）使用除法(/或者//)运算符和求模(%)运算符时，除数不能为 0，否则将会引起"ZeroDivisionError：division by zero"的错误。

（3）Python 中可以对浮点数进行取模运算，这与 C/C++语言不同。取模的数学定义：对于两个数 a 和 b(b≠0)，a%b 定义为 a−n * b，其中 n 为不超过 a/b 的最大整数。如 3.5%2 的结果为 1.5。

【实例 2.8】 扑克牌计算二十四点。

```
1  a, b, c, d = 2, 3, 12, 12
2  if ((b - a) * c) + d == 24):
3      print("算式为：((3.2) * 12) +12")
```

运行结果：

算式为：((3.2) * 12) +12

2.5.3　赋值运算符与赋值表达式

赋值符号"＝"就是赋值运算符，其作用是将一个数(常量、变量或表达式等)赋值给另一个变量。用赋值运算符将一个变量和一个表达式连接起来的式子称为"赋值表达式"。如"s=3"，表示将常量 3 赋值给变量 s，则 s 的数据类型为数值类型，式子"s=3"就是赋值表达式。Python 中最基本的赋值运算符是"＝"，结合其他运算符，还能扩展出更强大的复合赋值运算符。表 2.6 列出了 Python 中常用的赋值运算符。

表 2.6　Python 中常用的赋值运算符

运算符	描　　述	实　　例
＝	简单赋值运算符：将右侧操作数赋给左侧变量	c＝a＋b 等价于 a＋b 的值赋给变量 c
＋＝	加法赋值运算符：将两个操作数相加的和赋给左侧变量	c＋＝a 等价于 c＝c＋a
−＝	减法赋值运算符：将两个操作数相减的差赋给左侧变量	c−＝a 等价于 c＝c−a

续表

运算符	描　述	实　例
* =	乘法赋值运算符：将两个操作数相乘的积赋给左侧变量	c * ＝a 等价于 c＝c * a
/=	除法赋值运算符：将两个操作数相除的商赋给左侧变量	c/＝a 等价于 c＝c/a
%=	求模赋值运算符：将两个操作数相除的余数赋给左侧变量	c%＝a 等价于 c＝c%a
** =	求幂赋值运算符：将两个操作数的幂赋给左侧变量	c ** ＝a 等价于 c＝c ** a
//=	取整赋值运算符：将两个操作数相除的商取整赋给左侧变量	c//＝a 等价于 c＝c//a

说明：

（1）所有的赋值运算符均为二元运算符，结合性为右结合。

（2）赋值运算符优先级最低。

（3）要注意区分赋值运算符与数学中的等号，后者在计算机语言中用"＝＝"表示。

【实例 2.9】 赋值运算符示例。

```
1  a, b = 2, 3
2  c = a + b       #简单赋值运算符,将 a＋b 的值 5 赋给 c,c 的值为 5(后面所出现的 c 的初始
                   #值均为 5)
3  c += a          #加法赋值运算符,将 c＋a 的值 7 赋给 c,c 的值为 7
4  c -= a          #减法赋值运算符,将 c－a 的值 3 赋给 c,c 的值为 3
5  c * = a         #乘法赋值运算符,将 c * a 的值 10 赋给 c,c 的值为 10
6  c /= a          #除法赋值运算符,将 c/a 的值 2.5 赋给 c,c 的值为 2.5,此时 c 的数据类型
                   #为 float
7  c % = a         #求模赋值运算符,将 c%a 的值 1 赋给 c,c 的值为 1
8  c ** = a        #幂赋值运算符,将 c ** a 的值 25 赋给 c,c 的值为 25
9  c //= a         #整除赋值运算符,将 c//a 的值 2 赋给 c,c 的值为 10
```

2.5.4　比较运算符

比较运算也称为关系运算，用于对常量、变量或表达式的结果进行大小、真假等的比较。如果条件成立，则返回布尔值 True（真），反之返回 False（假）。比较运算符经常用在选择语句或者循环语句中作为条件判断的依据。表 2.7 列出了 Python 中常用的比较运算符。

表 2.7　Python 中常用的比较运算符

运算符	描　述
＞	大于,如果左操作数大于右操作数,则返回 True,否则返回 False
＜	小于,如果左操作数小于右操作数,则返回 True,否则返回 False
==	等于,如果左操作数等于右操作数,则返回 True,否则返回 False
! =	不等于,如果左操作数不等于右操作数,则返回 True,否则返回 False
＞=	大于或等于,如果左操作数大于或等于右操作数,则返回 True,否则返回 False
＜=	小于或等于,如果左操作数小于或等于右操作数,则返回 True,否则返回 False

说明：

（1）所有的比较运算符均为二元运算符，结合性为右结合。

（2）优先级高于算术运算符和赋值运算符。

【实例 2.10】 比较运算符示例。

```
1    print("80 是否大于 70?", 80 > 70)
2    print("24 * 6 是否等于 144?", 24 * 6 == 144)
3    print("90 是否小于或等于 80?", 90 <= 80)
4    print("True 是否等于 False?", True == False)
```

运行结果：

```
80 是否大于 70? True
24 * 6 是否等于 144? True
90 是否小于或等于 80? False
True 是否等于 False? False
```

（3）在 Python 中，当需要判断一个变量的值是否介于两个值之间时可以采用类似"值 1＜变量＜值 2"的形式。

【实例 2.11】 比较运算符示例，根据学生成绩（百分制）输出对应等级。

```
1    print("请输入学生的百分制成绩: ", end = '')
2    score = float(input( ))
3    if 0 <= score < 60:
4        print("对应的等级为 E")
5    if 60 <= score < 70:
6        print("对应的等级为 D")
7    if 70 <= score < 80:
8        print("对应的等级为 C")
9    if 80 <= score < 90:
10       print("对应的等级为 B")
11   if 90 <= score <= 100:
12       print("对应的等级为 A")
```

3 次运行结果：

请输入学生的百分制成绩: 100 对应的等级为 A	请输入学生的百分制成绩: 65.5 对应的等级为 D	请输入学生的百分制成绩: 78.5 对应的等级为 C

2.5.5 逻辑运算符

逻辑运算符是用来表示日常生活中"并且""或者"和"除非"等逻辑关系的运算符。常用的逻辑运算符有与（and）、或（or）和非（not）。表 2.8 列出 Python 中常用的逻辑运算符。

表 2.8　Python 中常用的逻辑运算符

运算符	含　义	说　　明
and	逻辑与运算,等价于数学中的"且"	a and b,当 a、b 两个表达式都为真时,结果才为真,否则为假
or	逻辑或运算,等价于数学中的"或"	a or b,当 a、b 两个表达式都为假时,结果才为假,否则为真
not	逻辑非运算,等价于数学中的"非"	not a,当 a 为真时结果为假;a 为假时结果为真

说明:

(1) 逻辑非运算符是一元运算符,逻辑与运算符和逻辑或运算符是二元运算符,结合性都为左结合。

(2) 逻辑运算符的优先级相对较低,仅高于赋值运算符。

(3) 逻辑运算符一般和关系运算符结合使用,作为选择语句或者循环语句的判断条件的依据。

(4) Python 逻辑运算符可以用来操作任何类型的表达式,同时,逻辑运算结果也不一定是布尔类型,可以是任意数据类型(这与其他语言不一样)。例如:

```
>>> type(10 and 20)        #结果为< class 'int'>
```

(5) 在 Python 中,and 和 or 不一定会计算右边表达式的值,按照逻辑关系,有时可能只计算左边表达式的值就能得到最终结果。另外,and 和 or 运算符会将其中一个表达式作为最终结果,而不是将 True 或者 False 作为最终结果。

【实例 2.12】　逻辑运算符示例。

```
1   url = "http://www.jsnu.edu.cn"
2   print(100 and url)        #左操作数为真,需要计算右操作数,两者都为真
3   print(100 or url)         #左操作数为真,不需要计算右操作数
4   print(False and print(url))    #左操作数为假,不需要计算右操作数
5   print(True and print(url))     #左操作数为真,需要计算右操作数,两者都为真
6   print(False or print(url))     #左操作数为假,需要计算右操作数,后者为真
7   print(True or print(url))      #左操作数为真,不需要计算右操作数
```

运行结果:

```
http://www.jsnu.edu.cn    #第 2 行输出结果
100                       #第 3 行输出结果
False                     #第 4 行输出结果
http://www.jsnu.edu.cn    #第 5 行输出结果
None                      #第 5 行输出结果 (后面的 None 是由于 print()函数本身没有返回值)
http://www.jsnu.edu.cn    #第 6 行输出结果
None                      #第 6 行输出结果
True                      #第 7 行输出结果
```

【实例 2.13】　按照如下男性民航飞行员报考条件(部分)判断报考者是否符合要求。

身高和体重:身高 169~185cm,体重不低于 50kg;

视力：双眼没有经过任何手术，任何一只眼睛裸视力（按 C 字视力表）不低于 0.3，无色盲、色弱、斜视，无较重的沙眼或倒睫。

```
1   height = int(input("请输入身高："))
2   weight = float(input("请输入体重："))
3   vision = float(input("请输入 C 字视力表视力："))
4   if height >= 169 and height <= 185 and weight >= 50 and vision >= 0.3:
5       print("恭喜,你符合报考飞行员的条件")
6   else:
7       print("抱歉,你不符合报考飞行员的条件")
```

两次运行结果：

请输入身高：180 请输入体重：60 请输入 C 字视力表视力：0.4 恭喜,你符合报考飞行员的条件	请输入身高：170 请输入体重：49 请输入 C 字视力表视力：0.5 抱歉,你不符合报考飞行员的条件

说明：

（1）input（）函数用于接收用户从键盘输入的字符序列。由于 input（）函数返回类型为字符串类型，故需要进行强制类型转换。

（2）if…else…条件判断语句是程序控制流程中的选择结构，用来判断是否满足某种条件，3.2 节会详细介绍。

（3）条件运算符和逻辑运算符组合的表达式的计算结果的类型为布尔类型，可以通过语句"type(height ≥169 and height ≤185 and weight≥50 and vision≥0.3)"进行测试。

2.5.6 位运算符

Python 位运算是按照数据在内存中的二进制位（bit）进行计算的，因为计算机的电路设计都是基于二进制的，所以在二进制层面效率很高，一般用于底层开发（算法设计、驱动、图像处理、单片机等），在 Web 开发、Linux 运维等的应用开发中并不常见。

位运算只能操作整数类型，需要先将要执行运算的整数转换为二进制，然后才能计算。Python 中支持的位运算符如表 2.9 所示。

表 2.9　Python 中支持的位运算符[设 a＝0011 1100（十进制 60），b＝0000 1101（十进制 13）]

运算符	描　　述	运算法则	实　　例
&	按位与运算符	两个操作数的二进制对应位都为 1 时，结果数位为 1，否则为 0	(a & b)输出结果为 0b1100，十进制数 12
|	按位或运算符	两个操作数的二进制对应位都为 0 时，结果数位为 0，否则为 1	(a | b)输出结果为 0b111101，十进制数 61
^	按位异或运算符	两个操作数的二进制对应位相同时，结果数位为 0，否则为 1	(a ^ b)输出结果为 0b110001，十进制数 49

Python 语法基础

运算符	描　述	运算法则	实　例
～	按位取反运算符	将操作数的二进制数位从 1 修改为 0,或者从 0 修改为 1	(～a)输出结果为−0b111101,十进制数−61
<<	按位左移运算符	将操作数的二进制向左移动指定位数,左边溢出位丢弃,右边空位用 0 补齐。相当于乘以 2 的 n 次幂	(a<<2)输出结果为 0b11110000,十进制数 240
>>	按位右移运算符	将操作数的二进制向右移动指定位数,右边溢出位丢弃,左侧空位根据正负数补齐。相当于除以 2 的 n 次幂	(a >> 2)输出结果为 0b1111,十进制数 15

说明:

(1) 除按位取反运算符"～"外,其余的位运算符均为二元运算符,结合性均为左结合。

(2) 所有的位运算符的运算符结果均为整数类型。

【实例 2.14】 位运算符示例(不使用加法运算符完成两个整数相加)。

```
1   #定理:设 a,b 为两个二进制数,则 a + b = a^b + (a&b)<< 1
2   a = int(input("请输入 a: "))   #加数
3   b = int(input("请输入 b: "))   #加数
4   t1 = a & b
5   t2 = a ^ b
6   while (t1):
7       t_a = t2
8       t_b = t1 << 1
9       t1 = t_a & t_b
10      t2 = t_a ^ t_b
11  print(str(a) + " + " + str(b) + " = " + str(t2))
```

运行结果:

```
请输入 a: 10
请输入 b: 20
10 + 20 = 30
```

2.5.7　成员运算符

Python 成员运算符可以判断一个元素是否在某一个序列中。例如,可以判断一个字符是否属于某个字符串,可以判断某个对象是否在某个列表中,等等。常用的成员运算符有 in、not in 两个。二者均为二元运算符,判断左操作数是否在右操作数中,如果是,则返回布尔值 True;否则返回 False。

【实例 2.15】 成员运算符示例。

```
1   #in 或者 not in 用于字符串
2   str = "Failure teaches success. "   #失败乃成功之母
```

```
3      word = input("请输入一个单词: ")
4      if word in str:
5          print("输入的单词 % s 包含在字符串中" % word)
6      else:
7          print("输入的单词 % s 不包含在字符串中" % word)
8
9      # in/not in 作用于列表
10     name_list = ["张三", "李四", "王五", "赵六"]
11     name = input("请输入一个学生的姓名: ")
12     if name in name_list:
13         print("输入学生的姓名 % s 存在于 list 中" % name)
14     else:
15         print("输入学生的姓名 % s 不存在于 list 中" % name)
```

运行结果:

```
请输入一个单词: thing
输入的单词 thing 不包含在字符串中
请输入一个学生的姓名: 张三
输入学生的姓名张三存在于 list 中
```

说明: 列表 List 和内置函数 print() 的具体内容将在 2.6.2 节中详细介绍。

2.5.8 身份运算符

Python 的身份运算符主要用于判断两个变量是否引用自同一个对象。常用的身份运算符有 is、not is 两个。二者均为二元运算符,判断两个操作数是否引用自同一对象,如果是,则返回布尔值 True;否则返回 False。

【实例 2.16】 身份运算符示例。

```
1      import time              # 引入 time 模块
2      t1 = time.localtime()    # 获取系统当前时间
3      t2 = time.localtime()
4      print(t1)
5      print(t2)
6      print(id(t1))
7      print(id(t2))
8      print(t1 == t2)
9      print(t1 is t2)
```

运行结果:

```
time.struct_time(tm_year = 2020, tm_mon = 10, tm_mday = 27, tm_hour = 9, tm_min = 37, tm_sec =
25, tm_wday = 1, tm_yday = 301, tm_isdst = 0)
time.struct_time(tm_year = 2020, tm_mon = 10, tm_mday = 27, tm_hour = 9, tm_min = 37, tm_sec =
25, tm_wday = 1, tm_yday = 301, tm_isdst = 0)
```

```
1453974125560
1453974711968
True
False
```

说明：

（1）"is"与"=="有本质的区别。前者用来对比两个变量引用的是否为同一对象，后者用来比较两个变量的值是否相等。

（2）函数 time.localtime()用来获取当前系统时间，精确到秒级，如 print(t1)的结果为时间元组"time.struct_time(tm_year=2020，tm_mon=6，tm_mday=21，tm_hour=15，tm_min=10，tm_sec=32，tm_wday=6，tm_yday=173，tm_isdst=0)"。其中，tm_year 表示年份，tm_mon 表示月份，tm_mday 表示日期，tm_hour 表示二十四小时制中的小时，tm_min 表示分钟，tm_sec 表示秒，tm_wday 表示一周的第几天，tm_yday 表示一年的第几天，tm_isdst 表示是否为夏令时。

（3）因为程序运行比较快，所以 t1 和 t2 得到的时间是一致的，故"t1==t2"的结果为 True。虽然 t1 和 t2 的值相等，但每次调用 localtime()都会返回不同对象，其内存地址不同，故"t1 is t2"的结果是 False。

2.5.9 运算符的优先级和结合性总结

Python 支持几十种运算符，被划分为将近二十个优先级。优先级和结合性不尽相同，表 2.10 列出了 Python 运算符的优先级和结合性。

表 2.10　**Python 运算符优先级和结合性一览表（优先级从高到低）**

运　算　符	说　　明	优先级	结合性
()	小括号	19	无
[]	索引运算符	18	左
.	属性访问	17	左
**	乘方	16	左
~	按位取反	15	右
+/−	符号运算符（正号或者负号）	14	右
*、/、//、%	乘除	13	左
+、−	加减	12	左
>>、<<	位移	11	左
&	按位与	10	右
^	按位异或	9	左
|	按位或	8	左
==、!=、>、>=、<、<=	比较运算符	7	左
is、not is	身份运算符	6	左
in、not in	成员运算符	5	左
not	逻辑非	4	右
and	逻辑与	3	左
or	逻辑或	2	左
=	赋值运算符	1	右

说明：

（1）当一个表达式中出现多个运算符时，Python 会先比较各个运算符的优先级，按照优先级从高到低的顺序依次执行；当遇到优先级相同的运算符时，再根据结合性决定先执行哪个运算符：如果具有左结合性就先执行左边的运算符，如果具有右结合性就先执行右边的运算符。

（2）不要把一个表达式写得过于复杂，如果一个表达式过于复杂，可以尝试把它拆分开来书写。

（3）不要过多地依赖运算符的优先级来控制表达式的执行顺序，否则可读性太差，应尽量使用（ ）来控制表达式的执行顺序。

2.6　标准输入和输出

视频讲解

标准输入和输出是指用户根据需要从键盘上输入字符，经过程序编译和运行，将结果输出到计算机屏幕上。Python 实现标准输入和输出使用内置函数 input() 和 print()。

2.6.1　标准输入函数 input()

Python 提供内置函数 input()，让用户从键盘输入一个字符串。其语法格式为：

input(prompt = None, /)

其中，prompt 是提示字符串，可以省略，如 input()，则屏幕没有任何提示。但通常需要给用户一个提示信息，告诉用户需要输入什么数据，故 input() 的使用格式通常为：

variable_name = input(prompt)

例如：

```
>>> age = input("请输入学生年龄：")
```

执行时会在屏幕显示"请输入学生年龄："，并将输入数据存储在变量 age 中，供后续代码使用。

注意：在 Python 3 中，无论输入是数字还是字符串，input() 函数都返回字符串，即 age 的数据类型为 string 类型。如果想使用数字进行计算，则要对字符串进行强制类型转换，否则会产生错误。例如：

```
>>> age = input("请输入学生年龄：")
>>> age = age + 1
```

则编译器会提示：

```
Traceback (most recent call last):
  File "< pyshell #1 >", line 1, in < module >
    age = age + 1
TypeError: can only concatenate str (not "int") to str
```

【**实例 2.17**】 模拟超市现金支付找零。

```
1    pay = float(input("请付款 85.5 元: "))
2    print("收您" + str(pay), ",找零" + str(pay - 85.5))
```

运行结果：

```
请付款 85.5 元: 100
收您 100.0 ,找零 14.5
```

2.6.2 标准输出函数 print()

print()函数用于输出,是 Python 中使用频率最高的一个函数,其语法格式为：

print(value, …, sep = ' ', end = '\n', file = sys.stdout, flush = False)

其中,

value,…: 表示输出的对象,可以输出多个对象,需要用逗号分隔。

sep: 分隔符,默认以空格分隔。

end: 结束换行符。用来设定以什么结尾,默认值为换行符"\n"。

file: 输出的目的对象,默认为标准输出(可以改为其他类似文件的对象)。

flush: 是否立即输出到 file 指定的流对象中。

1. 标准输出

print()函数可以输出多项内容,各输出项要用逗号分隔。如输出古诗《静夜思》,可以采用不同的方法。

【**实例 2.18**】 输出古诗《静夜思》。

```
1     # 输出古诗《静夜思》- 方法 1
2     print("静夜思")
3     print("李白")
4     print("床前明月光,")
5     print("疑是地上霜.")
6     print("举头望明月,")
7     print("低头思故乡.")
8
9     # 输出古诗《静夜思》- 方法 2
10    print("\t\t 静夜思")
11    print("\t\t\t 李白")
12    print("床前明月光,", end = " ")    # 使用参数 end = " ",将默认结束符改成空格
13    print("疑是地上霜.")
14    print("举头望明月,", end = " ")
15    print("低头思故乡.")
16
17    # 输出古诗《静夜思》- 方法 3
18    title = '静夜思'
```

```
19  author = "李白"
20  print("\t" + title + "\n\t\t\t" + author)
21  print("床前明月光,", end = " ")
22  print("疑是地上霜.")
23  print("举头望明月,", end = " ")
24  print("低头思故乡.")
```

运行结果:

```
静夜思
        李白
床前明月光,
疑是地上霜.
举头望明月,
低头思故乡.
                静夜思
                        李白
床前明月光, 疑是地上霜.
举头望明月, 低头思故乡.
        静夜思
                        李白
床前明月光, 疑是地上霜.
举头望明月, 低头思故乡.
```

2. 格式化占位符(%-formating)输出

占位符也称为字符串格式化符号,是早期 Python 提供的格式化方法。与 C 语言类似,常用的占位符如表 2.11 所示。

表 2.11　Python 常用格式化占位符

占 位 符	说　　明
%c	格式化字符及其 ASCII 码
%s	格式化字符串
%d	格式化十进制整数
%u	格式化无符号整数
%o	格式化八进制整数
%x/%X	格式化十六进制整数
%f	格式化浮点数,可以指定小数的精度,默认保留 6 位小数
%e/%E	格式化浮点数,用科学记数法(指数表示法)表示
%g/%G	在保证 6 位有效数字的前提下,使用小数方法表示,否则使用指数表示法

【实例 2.19】　格式化占位符输出示例。

```
1  #整数占位符
2  a, b = 100, 200
3  print("十进制数为 %d" % a)          #输出结果:十进制数为 100
4  print("八进制数为 %o" % a)          #输出结果:八进制数为 144
```

```
5    print("十六进制数为%x" % a)              #输出结果:十六进制数为64
6    print("右对齐:%8d" % a)                 #输出结果:右对齐:       100
7    print("左对齐:%-8d,%d" % (a, b))        #输出结果:左对齐:100     ,200
8    #浮点数示例
9    f = 123.456789123
10   print("\n小数形式%f" % f)#默认输出六位小数,输出结果:小数形式123.456789
11   print("指数形式%e" % f)                 #输出结果:指数形式1.234568e+02
12   print("指数形式%E" % f)                 #输出结果:指数形式1.234568E+02
13   print("保证六位有效数字%g" % f)          #输出结果:保证六位有效数字123.457
14   print("保留两位小数%.2f" % f)            #输出结果:保留两位小数123.46
15   print("设定宽度%15f" % f)               #输出结果:设定宽度      123.456789
16        #默认右对齐,即前面补空格 输出结果:设定宽度和保留小数位数123.457
17   print("设定宽度和保留小数位数%8.3f" % f)
18        #左对齐,即后面补空格 输出结果:设定宽度和保留小数位数123.457 end
19   print("设定宽度和保留小数位数%-8.3fend" % f)
20   #字符串示例
21   s = "abcd"
22   print("\n原样输出%s" % s)               #输出结果:原样输出abcd
23   print("设置宽度%8s" % s)#默认右对齐,即前面补空格 输出结果:设置宽度    abcd
24   print("设置宽度%-8send" % s)#左对齐,即后面补空格 输出结果:设置宽度abcd    end
```

3. 格式化(format)输出

自 Python 2.6 版本开始,字符串类型(str)提供了 format()方法对字符串进行格式化,是通过{}和:来替代 print 中格式化占位符的%。其语法格式为:str.format(args)。其中,str 用于指定字符串的显示样式;args 用于指定要进行格式转换的项,如有多项,各项之间用逗号进行分隔。例如:

```
>>> print("Hello {}, this course name is {}".format('everyone', 'Python'))
```

format 的占位符同%-formating 类似,不再一一列出。

【实例 2.20】 格式化(format)输出示例。

```
1    #以不同形式显示数和字符串
2    print("十进制整数形式:{:d}".format(1000000))
3    print("加千分位的十进制整数形式:{:,}".format(123456789))
4    print("二进制整数形式:{:b}".format(123))
5    print("八进制整数形式:{:o}".format(123))
6    print("十六进制整数形式:{:x}".format(123))
7    print("十六进制整数形式:{:X}".format(123))
8    print("小数形式的浮点数:{:f}".format(123.456789123))   #默认输出6位小数
9    print("指数形式的浮点数:{:e}".format(123.456789123))
10        #最小宽度为10,小数位数2位,默认右对齐,前面补空格
11   print("设置宽度和小数位数浮点数:{:10.2f}".format(123.456789123))
12        #最小宽度为10,小数位数2位,默认右对齐,设置前面补0
13   print("设置宽度和小数位数浮点数:{:010.2f}".format(123.456789123))
14        #最小宽度为10,小数位数2位,左对齐,设置后面补0
```

```
15    print("设置宽度和小数位数浮点数:{:0<10.2f}".format(123.456789123))
16    print("正常输出字符串:{:s}".format("abcdefg"))
17    print("设置宽度的字符串:{:10s}".format("abcdefg"))    #最小宽度为10,字符串默认
                                                      #左对齐,后面补空格
18    print("设置宽度的字符串:{:>10s}".format("abcdefg"))   #最小宽度为10,设置默认右
                                                      #对齐,前面补空格
```

运行结果:

```
十进制整数形式:1000000
加千分位的十进制整数形式:123,456,789
二进制整数形式:1111011
八进制整数形式:173
十六进制整数形式:7b
十六进制整数形式:7B
小数形式的浮点数:123.456789
指数形式的浮点数:1.234568e+02
设置宽度和小数位数浮点数:    123.46
设置宽度和小数位数浮点数:0000123.46
设置宽度和小数位数浮点数:123.460000
正常输出字符串:abcdefg
设置宽度的字符串:abcdefg
设置宽度的字符串:   abcdefg
```

4. 格式化字符串常量 f-string(formatted string literals)输出

f-string,也称为格式化字符串常量,是 Python 3.6 新引入的一种字符串格式化方法,该方法源于 PEP 498-Literal String Interpolation,主要目的是使格式化字符串的操作更加简便。f-string 在形式上是以 f 或 F 修饰引领的字符串(f'XXX'或者 F"XXX"),以大括号{}表明被替换的字段。f-string 在本质上并不是一个字符串常量,而是一个在运行时运算求值的表达式。f-string 在功能方面不逊于传统的%-formating 语句和 str.format()函数,同时性能又优于二者,且使用起来更加简洁明了,因此对于 Python 3.6 及以后的版本,推荐使用 f-string 进行字符串格式化。

f-string 语法格式为:

f '<text>{<expression><optional !s, !r, or !a><optional :format specifier>}<text>…'

其中,f(或 F)为目标字符串前缀;<text>表示占位符的上下文;类似于 str.format(),目标字符串中的占位符(一种运行时计算的表达式)也使用了大括号{},在其中必须加入表达式<expression>,可选参数标志! s 表示调用表达式上 str()(默认),! r 表示调用表达式的 repr(),! a 表示调用表达式的 ascii()。最后,使用 format 协议格式化目标字符串。例如:

```
>>> name = 'Anny'
>>> age = 5
>>> school = 'kindergarten'
>>> print(f"{name} is {age} years old,she is in {school}.")    #格式字符串前缀 f 或 F, 中间插
```

Python 语法基础

⌗入占位符 {variable}

f-string 的大括号{}内可以填入变量、表达式或者调用函数，Python 编译器会求出其结果并填入返回的字符串中。例如：

```
>>> s = "I love China!"
>>> print(f"源字符串: {s}")
>>> print(f"转换为小写字符: {s.lower()}")
```

其中，内置函数 lower()表示将字符转换为小写字符。

说明：

（1）f-string 大括号内的引号不能和大括号外的引号定界符冲突，否则会引起"SyntaxError：invalid syntax"的错误。如"print(f'I'm a {"student"}')"，可以将其修改为"print(f"I'm a {'student'}")"。

（2）f-string 的大括号外可以使用转义字符，但大括号内不能使用，否则会引起"SyntaxError：f-string expression part cannot include a backslash"的错误。如"print(f"Englis：\t{'Bussiness before pleasure!'}")"是正确的，而"print(f"Englis：\t{'Bussiness\tbefore pleasure!'}")"是错误的。

（3）f-string 还可用于输出多行字符串。

（4）同样，f-string 可以自定义格式，如对齐、设定宽度、符号、补零、精度、进制等。语法格式为：{content：format}。

其中，content 是替换并填入字符串的内容；format 是格式描述符，与前面格式化 print 类似采用默认格式时不必指定{：format}。表 2.12 列出了 Python 中常用的 f-string 格式描述符。

表 2.12　Python 中常用的 f-string 格式描述符

格式描述符	含义和作用
<	左对齐（字符串默认对齐方式）
>	右对齐（数值默认对齐方式）
^	居中对齐
⌗	切换数字显示方式
0width. precision	width 表示最小宽度，precision 表示精度，0 表示高位或者低位用 0 补齐（默认为空格）
,	使用逗号","作为千分位分隔符

【实例 2.21】　f-string 输出示例。

```
1   ⌗整数示例
2   a = 123
3   print(f'十进制整数: {a: d}')      ⌗d 表示输出十进制
4   print(f'二进制整数: {a: b}')      ⌗b 表示输出二进制
5   print(f'二进制整数: {a: ⌗b}')     ⌗⌗b 表示输出二进制，⌗表示显示前导符
6   print(f'八进制整数: {a: o}')      ⌗o 表示输出八进制
7   print(f'八进制整数: {a: ⌗o}')     ⌗⌗o 表示输出八进制，⌗表示显示前导符
8   print(f'十六进制整数: {a: x}')    ⌗x 表示输出十六进制
9   print(f'十六进制整数: {a: ⌗x}')  ⌗⌗x 表示输出十六进制，⌗表示显示前导符
```

```
10   print(f'设置宽度:{a: 8d}')        #8d 表示整数的最小宽度为 8,默认为右对齐,高位补空格
11   print(f'设置宽度,高位补 0:{a: 08d}')        #08d 表示整数的最小宽度为 8,默认为右对
                                                  #齐,高位补 0
12   print(f'设置宽度:{a: <8d}')      #<8d 表示整数的最小宽度为 8,采用左对齐,低位补空格
13   print(f'设置宽度,低位补 0:{a: <08d}')        #<8d 表示整数的最小宽度为 8,采用左对
                                                  #齐,低位补 0
14   print(f'设置宽度:{a: ^8d}')                  #^8d 表示整数的最小宽度为 8,采用居中对
                                                  #齐,两侧补空格
15   print(f'设置宽度:{a: ^08d}')    #^08d 表示整数的最小宽度为 8,采用居中对齐,两侧补 0
                                      # 浮点数类型实例
16   a = 12345.4567891011
17   print(f"小数形式:{a: f}")       # 小数形式,默认输出 6 位小数
18   print(f"指数形式:{a: e}")       # 指数形式,默认输出 6 位小数
19   print(f"g 形式:{a: g}")         # 保证 6 位有效数字的前提下,优先采用小数形式
20   print(f"指定宽度和小数位数:{a: 15.4f}")       # 指定最小宽度为 10,小数位数为 2,默认采
                                                   #用右对齐,且高位补空格
21   print(f"指定宽度和小数位数:{a: 015.4f}")       # 指定最小宽度为 10,小数位数为 2,高位
                                                   #补 0,默认采用右对齐
22   print(f"指定宽度和小数位数:{a: <015.4f}")      # 指定最小宽度为 10,小数位数为 2,高位
23                                                 #补 0,采用左对齐
24   print(f"千位分隔符,:{a: ,f}")                  #千位分隔符,
25   print(f"千位分隔符_:{a: _f}")                  #千位分隔符_
```

运行结果:

```
十进制整数:123
二进制整数:1111011
二进制整数:0b1111011
八进制整数:173
八进制整数:0o173
十六进制整数:7b
十六进制整数:0x7b
设置宽度:     123
设置宽度,高位补 0:00000123
设置宽度:123
设置宽度,低位补 0:12300000
设置宽度:  123
设置宽度:00123000
小数形式:12345.456789
指数形式:1.234546e+04
g 形式:12345.5
指定宽度和小数位数:     12345.4568
指定宽度和小数位数:0000012345.4568
指定宽度和小数位数:12345.456800000
千位分隔符,:12,345.456789
千位分隔符_:12_345.456789
```

2.7　良好的编程习惯

视频讲解

2.7.1　注释

所谓注释，就是对某行或者某段代码进行解释或说明。其目的是提高代码的可读性，使人易于理解；但不会被编译器执行。另外，注释也是调试程序的重要方式。在一定的条件下，将不希望编译或执行的某些代码注释掉后再进行必要的调试，可以提高代码的执行效率。

Python 3 中的注释有行注释和块注释两类。

1. 行注释

行注释也称为单行注释。在 Python 中，以"♯"作为行注释的符号。语法格式为：

♯注释内容

通常习惯在"♯"后面加一个空格。例如：

```
♯name 表示学生姓名
>>> name = "张三"　♯通常在赋值号的两侧各加一个空格以增加可读性
```

注释行既可以放在代码的前一行，也可以放在代码的右侧。

2. 块注释

块注释也称为多行注释或者三引号注释。在 Python 中，以(''' … ''')或者(""" … """)作为块注释的符号，即位于三引号之间的任何语句都将被编译器忽略。语法格式为：

```
'''                    """
注释语句组     或者     注释语句组
'''                    """
```

块注释通常放在 Python 文件、模块、类或者函数的前面，用于解释功能、版权等信息。

写程序的同时要写尽可能详尽的注释，但也要注意：

(1) 注释应当浅显、明白、有意义，能充分解释变量和含义、代码的功能及用途等。

(2) 注释不是程序员指南，也不是标准函数库的参考手册。也就是说，注释不是源代码的翻译，其主要任务是答疑解惑而不是增加程序的行数。所以在逻辑复杂、流程冗长的地方添加注释是绝对有必要的。

2.7.2　代码缩进

其他编程语言（如 C++、Java 等）用户可以根据自己喜好随意放置代码。例如，图 2.6 所示的两段 C++语言代码。

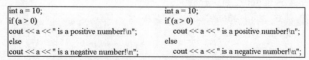

图 2.6　C++语言代码片段

这两段代码都可以编译、执行,但第一段由于没有缩进,明显比第二段缺乏层次感,可读性较差。特别是代码较长时,不仅不易于理解,调试也容易出错。

Python 强制要求缩进,同级别的代码的缩进量必须相同。对于类定义、函数定义、流程控制语句、异常处理语句等,通过采用代码缩进和冒号“:”区分层次。例如,上面的 C++ 代码可改用 Python 写作如下:

```
1  a = 10
2  if a > 0:
3      print(str(a) + " is a positive number!")
4  else:
5      print(str(a) + " is a negtive number!")
```

即行尾的冒号和下一行的缩进表示一个代码段的开始,而缩进结束则表示一个代码段的结束。

需要注意,在 Python 中如果同级别的代码段的缩进量不一致,则会引起“Syntax error”的语法错误。例如,上面一段代码写成:

```
1  a = 10
2  if a > 0:
3  print(str(a) + " is a positive number!")
4  else:
5      print(str(a) + " is a negtive number!")
```

则会抛出“IndentationError:expected an indented block”的异常。

为避免这种错误,通常的做法是用 4 个空格作为同级别代码段的缩进量。

2.7.3 编码规范

孟子曰:“不以规矩,不能成方圆。”同样,在使用 Python 编写代码时,也必须遵守一定的编码规范。这样既可以增加代码的可读性,也可以发现隐藏的问题(bug)提高代码性能,对代码的理解与维护起到至关重要的作用。

Python 采用 PEP8(Python Enhancement Proposal 8,Python 增强建议书第 8 版)。现在许多 IDE(如 PyCharm)会自动提示用户遵守 PEP8。下面列出 PEP8 中常用准则,如果需要掌握更加详尽的 Python 编码规范,可以参考 PEP8 的官方文档:https://www.Python.org/dev/peps/pep-0008。

(1) 缩进:每个语句块使用 4 个空格(尽可能不使用 Tab 键)作为缩进量。

(2) 每行代码的最大长度为 79 个字符。如果超过,建议使用小括号“()”将多行内容隐式地连接起来。

(3) 使用必要的空行增加代码的可读性。如用两个空行分隔顶层函数和类定义;类中的方法用一个空行分隔等。

(4) 核心 Python 发行版中的代码应该使用 UTF-8(或者 Python 2 中的 ASCII)。

(5) 若导入多个库函数,应该分开依次导入;导入总是放在文件的顶部,在任何模块注释和文档字符串之后,在模块全局变量和常量之间;导入应该按照标准库、第三方库、本地应用程序/特定库的次序进行。应避免通配符导入(import *)。

(6) 尽可能避免使用无关的空格,如括号或大括号内,逗号、分号或者冒号前面加空格等。

(7) 必要的注释。

(8) 命名规范。

- 模块尽量使用小写字母命名,首字母保持小写,尽量不要使用下画线。
- 类名使用驼峰(Camel Case)命名风格,首字母大写,私有类可用一个下画线开头。
- 函数名一律小写,如有多个单词,可用下画线隔开。
- 私有函数可用一个下画线开头。
- 变量名尽量小写,常量名尽量大写,如有多个单词,使用下画线隔开。

2.7.4 Python 之禅

编程语言 Perl 曾在互联网领域长期占据统治地位,但过于强调"解决问题的灵活性"导致大型项目难以维护。鉴于 Perl 语言遇到的问题,一位名叫 Tim Peters 的程序员撰写了"Python 之禅",它虽非出自 Python 创始人之手,但已被官方认可为编程规则。

在解释器或者命令窗口中直接输入"import this"并按回车键,下方会直接输出"Python 之禅"的内容:

```
The Zen of Python, by Tim Peters        # Python 之禅 by Tim Peters

Beautiful is better than ugly.          # 优美胜于丑陋
Explicit is better than implicit.       # 明了胜于晦涩
Simple is better than complex.          # 简洁胜于复杂
Complex is better than complicated.     # 复杂胜于凌乱
Flat is better than nested.             # 扁平胜于嵌套
Sparse is better than dense.            # 间隔胜于紧凑
Readability counts.                     # 可读性很重要
Special cases aren't special enough to break the rules.
        # 即便假借特例的实用性之名,也不可违背这些规则
Although practicality beats purity.      # 尽管实用性打击代码的纯洁
Errors should never pass silently.
Unless explicitly silenced.
        # 不要包容所有的错误,除非你确定需要这样做
In the face of ambiguity, refuse the temptation to guess.
There should be one—and preferably only one—obvious way to do it.
Although that way may not be obvious at first unless you're Dutch.
        # 当存在多种可能,不要尝试去猜测
        # 而是尽量找一种,最好是唯一一种明显的解决方案(如果不确定,就用穷举法)
        # 虽然这并不容易,因为你不是 Python 之父
Now is better than never.
Although never is often better than * right * now.
        # 做也许好过不做,但不假思索就动手还不如不做(动手之前要细思量)
If the implementation is hard to explain, it's a bad idea.
```

If the implementation is easy to explain, it may be a good idea.

♯如果你无法向人描述你的方案,那肯定不是一个好方案;反之亦然(方案测评标准)

Namespaces are one honking great idea—let's do more of those!

♯命名空间是一种绝妙的理念,我们应当多加利用(倡导与号召)

2.8　国家荣誉称号——家国情怀

视频讲解

2.8.1　案例背景

2020 年年初,一场突如其来的新冠肺炎疫情席卷全球,给人民生命安全和身体健康带来严重威胁。在中国共产党的领导下,中国人民风雨同舟、众志成城,构筑起疫情防控的坚固防线,用 1 个多月的时间初步遏制疫情蔓延势头,用 2 个月左右的时间将本土每日新增病例控制在个位数以内。此外,统筹推进疫情防控和经济社会发展工作,抓紧恢复生产生活秩序,取得显著成效。

为了隆重表彰在抗击新冠肺炎疫情斗争中作出杰出贡献的功勋模范人物,弘扬他们忠诚、担当、奉献的崇高品质,根据第十三届全国人民代表大会常务委员会第二十一次会议的决定,授予钟南山"共和国勋章",授予张伯礼、张定宇、陈薇"人民英雄"国家荣誉称号。

2020 年 9 月 8 日,在抗击新冠肺炎疫情表彰大会上,习近平总书记讲道:

在这场波澜壮阔的抗疫斗争中,我们积累了重要经验,收获了深刻启示。

抗疫斗争伟大实践再次证明,中国共产党所具有的无比坚强的领导力,是风雨来袭时中国人民最可靠的主心骨。中国共产党来自人民、植根人民,始终坚持一切为了人民、一切依靠人民,得到了最广大人民衷心拥护和坚定支持,这是中国共产党领导力和执政力的广大而深厚的基础。这次抗疫斗争伊始,党中央就号召全党,让党旗在防控疫情斗争第一线高高飘扬,充分体现了中国共产党人的担当和风骨! 在抗疫斗争中,广大共产党员不忘初心、牢记使命,充分发挥先锋模范作用,25 000 多名优秀分子在火线上宣誓入党。正是因为有中国共产党领导、有全国各族人民对中国共产党的拥护和支持,中国才能创造出世所罕见的经济快速发展奇迹和社会长期稳定奇迹,我们才能成功战洪水、防非典、抗地震、化危机、应变局,才能打赢这次抗疫斗争。历史和现实都告诉我们,只要毫不动摇坚持和加强党的全面领导,不断增强党的政治领导力、思想引领力、群众组织力、社会号召力,永远保持党同人民群众的血肉联系,我们就一定能够形成强大合力,从容应对各种复杂局面和风险挑战。

通过观察不难发现,习近平总书记的讲话片段有许多关键字频繁出现。接下来通过 Python 字符串的相关理论知识进行词频统计。词频是文献计量学中传统的和具有代表性的一种内容分析方法,也是文本处理考量的一种尺度。词频统计为学术研究提供了新的方法和视野,是文本挖掘的重要手段。

2.8.2　案例任务,分析和实现

根据给定的习近平总书记的讲话片段,输出讲话片段中"中国共产党""人民"和"抗疫"三个词出现的次数,第一次和最后一次出现的位置。

习近平总书记的讲话片段是字符串,可以使用字符串类型表示,然后利用 Python 提供

Python 语法基础

的字符串检索方法 count()在字符串中统计关键字出现的次数。

具体代码如下:

```
1    text = '''抗疫斗争伟大实践再次证明,中国共产党所具有的无比坚强的领导力,是风雨来袭
2    时中国人民最可靠的主心骨.中国共产党来自人民、植根人民,始终坚持一切为了人民、一切
3    依靠人民,得到了最广大人民衷心拥护和坚定支持,这是中国共产党领导力和执政力的广大
4    而深厚的基础.这次抗疫斗争伊始,党中央就号召全党,让党旗在防控疫情斗争第一线高高飘
5    扬,充分体现了中国共产党人的担当和风骨!在抗疫斗争中,广大共产党员不忘初心、牢记使
6    命,充分发挥先锋模范作用,25 000 多名优秀分子在火线上宣誓入党.正是因为有中国共产党
7    领导、有全国各族人民对中国共产党的拥护和支持,中国才能创造出世所罕见的经济快速发
8    展奇迹和社会长期稳定奇迹,我们才能成功战洪水、防非典、抗地震、化危机、应变局,才能打
9    赢这次抗疫斗争.历史和现实都告诉我们,只要毫不动摇坚持和加强党的全面领导,不断增强
10   党的政治领导力、思想引领力、群众组织力、社会号召力,永远保持党同人民群众的血肉联系,
11   我们就一定能够形成强大合力,从容应对各种复杂局面和风险挑战.'''
12   num1 = text.count('中国共产党')
13   num2 = text.count('人民')
14   num3 = text.count('抗疫')
15   print(" "*10+"出现次数 "+" 第一次出现位置 "+" 最后一次出现位置")
16   print("中国共产党      " + str(num1)+" "*10 + str(text.find('中国共产党'))+" "*11
17   + str(text.rfind('中国共产党')))
18   print("人民" + " "*7 + str(num2) +" "*10 + str(text.find('人民'))+" "*11 +
19   str(text.rfind('人民')))
20   print("抗疫" + " "*7 + str(num3) +" "*10 + str(text.find('抗疫'))+" "*12 +
21   str(text.rfind('抗疫')))
```

运行结果:

	出现次数	第一次出现位置	最后一次出现位置
中国共产党	6	13	256
人民	8	39	403
抗疫	4	0	331

2.8.3　总结、启示和拓展

这个案例从实际出发,利用词频的概念和字符串查找的知识实现了关键词出现次数的统计。虽然该实例比较简单,但随着后续章节的学习,可以增加更多功能和效果,例如找出给定关键字出现的所有位置,分离词汇并统计各个词汇的词频从而找出关键词等。

崇尚英雄才会产生英雄,争做英雄才能英雄辈出。英雄模范们用行动再次证明,伟大出自平凡,平凡造就伟大。只要有坚定的理想信念、不懈的奋斗精神,脚踏实地把每件平凡的事做好,一切平凡的人都可以获得不平凡的人生,一切平凡的工作都可以创造不平凡的成就。作为新青年的我们,一定要秉承中华民族的伟大精神,坚持社会主义核心价值观,弘扬忠诚、执着和朴实的品格。

2.9 本章小结

本章从对 Python 的关键字和标识符的介绍入手,分别介绍了 Python 变量的使用、基本数据类型(主要包括数字类型——整型、浮点型、复数类型和布尔类型、字符串类型)、运算符(算术运算符、赋值运算符、比较运算符、逻辑运算符、位运算符、成员运算符和身份运算符)和表达式,介绍了标准输入和输出函数的使用以及编写程序时的一些良好习惯;最后通过实例,进行思政引导——家国情怀。本章的内容是 Python 的语法基础,需要重点掌握,多加练习,为后续编程奠定良好的理论基础。

2.10 巩 固 训 练

【训练 2.1】 宋·洪迈《容斋四笔·得意失意诗》中写道:"久旱逢甘雨,他乡遇故知;洞房花烛夜,金榜题名时。"编写程序,输出人生四大喜事。运行结果:

```
☺人生四大喜事☺
久旱逢甘雨 --- 第一喜
他乡遇故知 --- 第二喜
洞房花烛夜 --- 第三喜
金榜题名时 --- 第四喜
```

【训练 2.2】 模拟成语填空游戏。运行结果(其中斜体字是所填字):

```
        拒
        人
        千
忙  偷闲
请输入所缺字:里
        拒
        人
        千
忙里偷闲
```

【训练 2.3】 输入体重,身高和年龄,根据公式计算正常女性一天的基础代谢。(计算公式为:女性的基础代谢＝655＋(9.6×体重 kg)＋(1.7×身高 cm)－(4.7×年龄))。

【训练 2.4】 模拟输出超市购物小票。输入商品名称、价格、数量,算出应付金额。用户输入整钱,实现找零和抹零的功能,最后输出购物小票。(假设只购买一件物品)运行效果如图 2.7 所示。

【训练 2.5】 输入《中国必胜》藏头诗,输出藏头诗句。输入和输出效果如图 2.8 所示。

【训练 2.6】 输入直角三角形的两直角边长,用勾股定理计算斜边长,并输出该三角形的斜边长。(提示:需要用到 math 模块中的 sqrt() 函数求算术平方根,且输出结果保留两位小数)

```
Python超市收银系统
商品名称：egg
商品单价：2.56
数量：1.89
应付金额：4.84
实收：10
Python超市购物小票
商品名称　单价　　　数量
egg　　　2.56　　　1.89
应付：4.84
实收：10.0
找零5.2
```

图 2.7　超市购物小票示意图

```
请输入《中国必胜》藏头诗：
中庭寒月白如霜，
国门卿相旧山庄。
必拟一身生羽翼，
胜景饱于闲采拾。
《中国必胜》藏头句为：
中
国
必
胜
```

图 2.8　输出藏头诗示意图

第3章   流 程 控 制

能力目标

【应知】 理解选择和循环的意义及其基本实现语句。

【应会】 掌握单分支、双分支及多分支选择结构语句的使用方法,掌握实现无限循环操作的 while 语句,掌握实现遍历操作的 for⋯in 语句,掌握用来提前结束循环的 break 和 continue 语句。

【难点】 嵌套语句的使用,穷举法和迭代法的使用。

知识导图

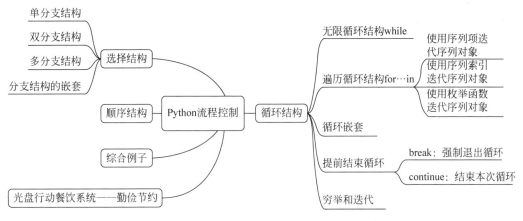

流程控制也称为控制流程,是计算机运算领域内的专用语,指在程序运行时,指令(或者程序、子程序、代码段)运行或者求值的顺序。流程控制对于任何一门编程语言来说都是至关重要的,它提供了控制程序如何执行的方法。Python 语言提供了顺序结构、选择结构和循环结构 3 种流程控制。

3.1   顺序结构

视频讲解

顺序结构是程序中最简单的流程控制结构,按照代码出现的先后顺序依次执行。程序中的代码大多是顺序执行的,其结构流程图如图 3.1 所示。

本章之前编写的代码大多数采用顺序结构。

【实例 3.1】 输出指定格式的日期。

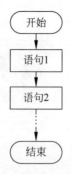

图 3.1　顺序结构流程图

```
1   #处理日期和时间的模块库 datetime.date 是表示日期的类,datetime.datetime 是表示日期
    #时间的类
2   import datetime
3   today = datetime.date.today()        #datetime.day.today()用于获取当前的日期,返回格式
                                         # 为 YYYY - mm - dd
4   oneday = datetime.timedelta()        #datetime.timedelta()表示两个时间之间的差
5   yesterday = today - oneday
6   tomorrow = today + oneday
7   print("今天是: " + str(today))
8   #strftime()函数接收时间元组,并返回可读字符串表示的时间,格式由参数 format 决定
9   print("昨天是: " + yesterday.strftime("% y/% m/% d"))
10  print("明天是: " + tomorrow.strftime("% m - % d - % Y"))
```

其中,%Y:4 位数的年份表示(0000～9999);

%y:2 位数的年份表示(00～99);

%m:2 位数的月份表示(01～12);

%d:月份内的某一天(1～31)。

运行结果:

```
今天是: 2020 - 10 - 27
昨天是: 20/10/27
明天是: 10 - 27 - 2020
```

视频讲解

3.2　选择结构

　　选择结构也称为分支结构,用于判断给定条件,然后根据判定结果来控制程序流程。例如日常生活中常见的登录即为选择结构,用户先输入用户名和密码,系统在数据库中查找并匹配。如果两者都与数据库中的记录保持一致,则"登录成功",可以继续下面的操作;否则要重新输入或者退出系统。正如孟子曰:"鱼,我所欲也,熊掌亦我所欲也;二者不可兼得也,舍鱼而取熊掌者也。"Python 中常用的分支结构有单分支、双分支和多分支 3 种类型。

3.2.1 单分支结构

单分支结构指只有一个分支,满足判断条件执行相应语句。现实生活中的"如果天下雨,地就会湿"对应的就是单分支结构。

其结构流程图如图3.2所示。

对应的语法结构为:

```
if 条件表达式:
    语句块
```

执行过程为:先判断条件,如果执行结果为真则执行后续的语句块,否则什么也不做。

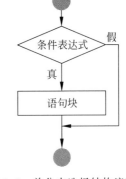

图3.2 单分支选择结构流程图

说明:

(1)"条件表达式"可以是逻辑表达式、条件表达式、算术表达式等任何类型的表达式,只要能判断非零或者非空即可。"语句块"可以是一条语句,也可以是多条语句。多条语句时,需要保证缩进对齐一致。

(2)"条件表达式"后面一定要加冒号":",这是初学者易犯错误的地方。

【实例3.2】 根据出生年份判断是否为成年人。

```
1   import datetime
2   year = int(input("请输入出生年份: "))
3   if datetime.date.today().year - year >= 18:   #datetime.date.today().year 表示获
                                                   #取当前日期的年份
4       print("是成年人!")
```

运行结果:

请输入出生年份: 2015	请输入出生年份: 1990 是成年人!

【实例3.3】 两个整数升序排列并输出。

```
1   a, b = input("input a,b: ").split(" ")   #一行输入多个数,用空格分开
2   print("排序前: " + a + "," + b)
3   if int(a) > int(b):
4       a, b = b, a   #交换a,b两个数的值
5   print("排序后: " + a + "," + b)
```

运行结果:

```
input a,b: 2 3
排序前: 2,3
排序后: 2,3
```

说明：在 Python 中,可以直接使用语句"a,b=b,a"交换两个变量的值,而其他高级语言中必须引入中间变量完成交换工作,即"t=a,a=b,b=t",这正是 Python 语言的精妙之处。

拓展：可以尝试实现 3 个整数升序排列,更多数的排序需要采用其他高级数据类型实现。

3.2.2 双分支结构

若条件成立时需要执行某些操作,不成立时需要执行另外一些操作,则需要编写双分支结构。例如身份验证时,密码正确可以登录系统,密码错误则要重新输入。其结构流程图如图 3.3 所示。

对应的语法结构为：

```
if 条件表达式:
    语句块 1
else:
    语句块 2
```

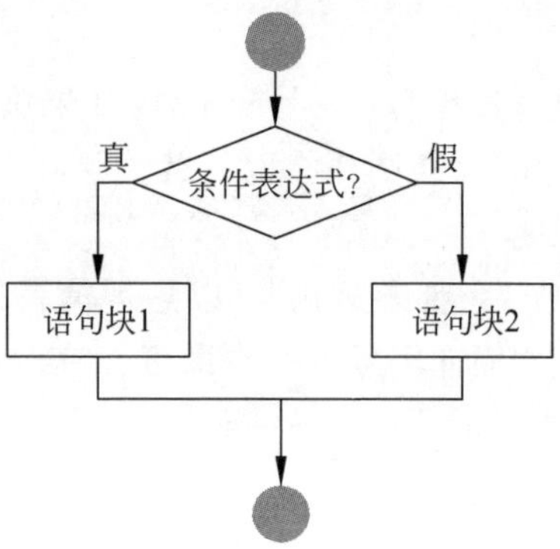

其执行过程为：先判断条件表达式,如果结果为真或者非零,则执行语句块 1;否则执行语句块 2。

注意：

(1)双分支结构中的 else 语句不能独立存在,即有 else 一定有相对应的 if,但有 if 不一定有 else。

(2)else 后面不需要也不能加条件表达式。

图 3.3 双分支选择结构流程图

【实例 3.4】 求两个数的较大者(此例题可以使用 4 种方法实现)。

方法一：使用单分支结构

```
1  a, b = input("input a,b: ").split(" ")
2  max = int(a)
3  if (int(max) < int(b)):
4      max = int(b)
5  print("较大的数为: " + str(max))
```

方法二：使用双分支结构

```
1  a, b = input("input a,b:").split(" ")
2  if (int(a) > int(b)):
3      print("较大的数为:" + a)
4  else:
5      print("较大的数为:" + b)
```

方法三：使用三目运算符

```
1  a, b = input("input a,b: ").split(" ")
2  max = int(a) if int(a) > int(b) else
   int(b)
3  print("较大的数为: " + str(max))
```

方法四：使用内置函数 max

```
1  a, b = input ("input a, b:").split
   (" ")
2  print("较大的数为:" + str(max(a,
   b)))
```

三目运算符也称为三元运算符,其语法格式为：

```
(True_statements) if (expression) else (False_statements)
```

运算规则为：先对逻辑表达式 expression 求值,如果逻辑表达式返回 True,则执行并返回 True_statements 的值；如果逻辑表达式返回 False,则执行并返回 False_statements 的值。

很明显,三目运算符是双分支结构的一种紧凑表现形式。"条件为真的语句"和"条件为

假的语句"可以放置多条语句,放置方式有两种:

(1) 多条语句以英文逗号隔开,每条语句都会执行,程序返回多条语句的返回值组成的元组。如:

```
>>> a, b = input("input a,b: ").split(" ")
>>> s = "No cross, no crown.", "a大于b" if a > b else "a小于或等于b"
>>> print(s)
```

当输入"10,20"时,执行结果为:

```
('No cross, no crown.', 'a小于或等于b')
```

(2) 多条语句以英文分号隔开,每条语句都会执行,程序只返回第一条语句的值。如:

```
>>> a, b = input("input a,b: ").split(" ")
>>> s = "No cross, no crown."; "a大于b" if a > b else "a小于或等于b"
>>> print(s)
```

当输入"10,20"时,执行结果为:

```
No cross, no crown.
```

另外,三目运算符支持嵌套,通过嵌套三目运算符,可以执行更复杂的判断。

3.2.3　多分支结构

在很多情况下,供用户选择的操作有多种,例如根据空气质量指数判断天气状况并提供生活建议,或者根据新冠肺炎疫情防控要求区分地区风险等级等。使用程序语句实现时,就可以使用多分支结构进行处理。其结构流程图如图 3.4 所示。

对应的语法格式为:

```
if 条件表达式 1:
    语句块 1
elif 条件表达式 2:
    语句块 2
elif 条件表达式 3:
    语句块 3
…
else:
    语句块 n
```

执行过程为:先判断条件表达式 1,如果结果为真,则执行语句块 1;否则判断条件表达式 2,如果结果为真,则执行语句块 2……只有在所有表达式都为假的情况下,才会执行 else 后面的语句块 n。

【实例 3.5】　计算阶梯电价(阶梯电价是按照用户消费的电量分段定价,用电价格随用电量增加呈阶梯状逐级递增的一种电价定价机制。具体规则为:当每月用电量在 0～260 度*时为第一档,电价是 0.68 元/度;当每月用电量在 261～600 度时为第二档,260 度以内

---

* 即千瓦·时,此处保留习惯说法。

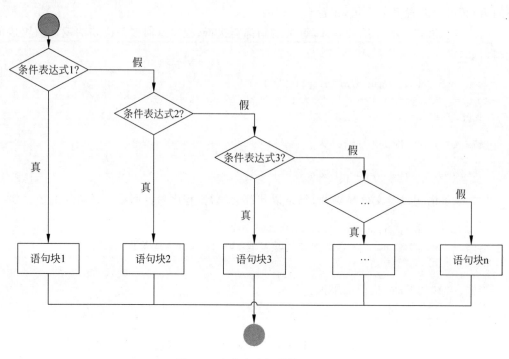

图 3.4　多分支选择结构流程图

的按照第一档收费,剩余的电按照 0.73 元/度收取;当每月用电量大于 601 度时,先分别按照第一档和第二档收费,剩余电按照 0.98 元/度收取)。

```
1   x = float(input("请输入每月用电量："))
2   if x < 0:
3       print("输入错误!")
4   else:
5       if x <= 260:
6           y = 0.68 * x
7       elif x <= 600:
8           y = 0.68 * 260 + (x - 260) * 0.73
9       else:
10          y = 0.68 * 260 + (600 - 260) * 0.73 + (x - 600) * 0.98
11      print("本月电费为" + str(y) + "元")
```

运行结果:

请输入每月用电量: -1 输入错误!	请输入每月用电量: 200 本月电费为 136.0 元	请输入每月用电量: 400 本月电费为 279.0 元	请输入每月用电量: 601 本月电费为 425.98 元

【实例 3.6】　根据空气质量指数进行生活建议。

空气质量指数(Air Quality Index,AQI)是根据空气中的各种成分占比,将监测的空气浓度简化为单一的概念性数值形式,它将空气污染程度和空气质量状况分级表示,适合于表示城市的短期空气质量状况和变化趋势。具体数值及等级如表3.1所示。

表 3.1　空气质量指数、对应等级及相关建议

AQI 数值	等　级	生　活　建　议
0～50	1级,优	空气清新,参加户外活动
51～100	2级,良	可以正常进行户外活动
101～150	3级,轻度污染	敏感人群减少体力消耗大的户外活动
151～200	4级,中度污染	对敏感人群影响较大,减少户外活动
201～300	5级,重度污染	所有人适当减少户外活动
>300	6级,严重污染	尽量不要留在户外

源代码:

```
1   x = int(input("请输入 AQI 数值："))
2   if x < 0:
3       print("输入错误!")
4   else:
5       if x <= 50:
6           s = "1级,优,空气清新,参加户外活动."
7       elif x <= 100:
8           s = "2级,良,可以正常进行户外活动."
9       elif x <= 150:
10          s = "3级,轻度污染,敏感人群减少体力消耗大的户外活动."
11      elif x <= 200:
12          s = "4级,中度污染,对敏感人群影响较大,减少户外活动."
13      elif x <= 300:
14          s = "5级,重度污染,所有人适当减少户外活动."
15      else:
16          s = "6级,严重污染,尽量不要留在户外."
17      print("空气质量为" + s)
```

运行结果:

```
请输入 AQI 数值: 200
空气质量为4级,中度污染,对敏感人群影响较大,减少户外活动.
```

【实例 3.7】　新冠肺炎疫情风险等级划分。

根据新冠肺炎疫情实际情况和发展态势,综合考虑新增和累计确诊病例数等因素,以县市区为单位,划分为低风险区、中风险区、高风险区。

低风险区:无确诊病例或连续14天无新增确诊病例。

中风险区:14天内有新增确诊病例,累计确诊病例不超过50例,或累计确诊病例超过50例,14天内未发生聚集性疫情。

高风险区:累计病例超过50例,14天内有聚集性疫情发生。

源代码：

```
1    x = int(input("请输入新增确认病例数："))
2    y = int(input("请输入累计确诊病例数："))
3    z = int(input("请输入聚集性疫情发生天数："))
4    if x >= 14 or y == 0:
5        s = "低"
6    elif (x > 0 and z <= 14 and y <= 50) or (y > 50 and z < 14):
7        s = "中"
8    else:
9        s = "高"
10   print("此地区为" + s + "风险区")
```

运行结果：

请输入新增确认病例数：0 请输入累计确诊病例数：0 请输入聚集性疫情发生天数：0 此地区为低风险区	请输入新增确认病例数：5 请输入累计确诊病例数：10 请输入聚集性疫情发生天数：2 此地区为中风险区	请输入新增确认病例数：10 请输入累计确诊病例数：100 请输入聚集性疫情发生天数：20 此地区为高风险区

3.2.4 分支结构的嵌套

分支结构的嵌套是指实际开发过程中，在一个分支结构中嵌套另一个分支结构。基本语法格式如下：

```
if 条件表达式 1:
    语句块 1
    if 条件表达式 2:
        语句块 2
    else:
        语句块 3
else:
    if 条件表达式 3:
        语句块 4
```

从语法角度讲，选择结构可以有多种嵌套形式。程序员可以根据需要选择合适的嵌套结构，但一定要注意控制不同级别代码块的缩进量，因为缩进量决定代码块的从属关系。

【实例 3.8】 分段函数求值。

$$f(x) = \begin{cases} x, & x \leqslant 1 \\ 2x - 1, & 1 < x < 10 \\ 3x - 11, & x \geqslant 10 \end{cases}$$

源代码：

```
1    x = float(input("input x: "))
2    if x <= 1:
3        y = x
4    else:
5        if x < 10:
```

```
6  |          y = 2 * x - 1
7  |      else:
8  |          y = 3 * x - 11
9  | print("x = " + str(x) + ",f(x) = " + str(y))
```

运行结果:

input x: 0.5	input x: 5	input x: 20
x = 0.5,f(x) = 0.5	x = 5.0,f(x) = 9.0	x = 20.0,f(x) = 49.0

当然,实例 3.8 也可以不使用嵌套语句实现,而使用多分支结构实现。

```
1  | x = float(input("input x: "))
2  | if x <= 1:
3  |      y = x
4  | elif x < 10:
5  |      y = 2 * x - 1
6  | else:
7  |      y = 3 * x - 11
8  | print("x = " + str(x) + ",f(x) = " + str(y))
```

很明显,多分支结构比分支嵌套可读性更强,Python 之禅中有一句话:"Flat is better than nested.",扁平化总比嵌套好,所以能扁平化时尽量不要用嵌套。

3.3 循 环 结 构

如果需要重复执行某条或者某些指令,例如"中国诗词大赛"中的"飞花令",选手要根据给定的关键字,在给定的时间内轮流背诵含有关键字的诗句,直至时间结束。重复执行类似动作就是循环结构。Python 提供两种循环结构语句:while 循环和 for…in 循环。前者根据条件返回值的情况决定是否执行循环体,后者采用遍历的形式指定循环范围。要更加灵活地操纵循环语句的流向,还需要使用 break、continue 和 pass 等语句。

3.3.1 while 循环

视频讲解

while 循环也称为无限循环,是由条件控制的循环运行方式,一般用于循环次数难以提前确定的情况。while 循环的语法格式为:

```
while 条件表达式:
    循环体
[else:
    语句块]
```

其中,"条件表达式"可以是任何非空或者非零的表达式,"循环体"可以是单条语句或语句块,方括号内的 else 子句可以省略。

流程图如图 3.5 所示。

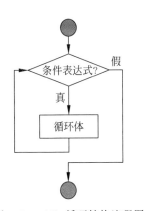

图 3.5　while 循环结构流程图

流程控制

执行过程为先判断条件表达式,如果结果为真,则执行循环体,继续进行条件判断;否则循环结束。

【实例 3.9】 求 $\sum\limits_{i=1}^{100} i$。

算法分析:设计循环算法需要考虑循环三要素:循环初值、结束条件以及增量(步长)。本例中,循环变量为 i,初值为 1,结束条件或者终值为 100,步长为 1。另外还需要一个变量存储累加和,其初值为 0。对应的结构流程图如图 3.6 所示。

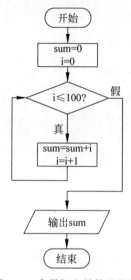

图 3.6 求累加和结构流程图

源代码:

```
1   sum, i = 0, 0
2   while i <= 100:
3       sum += i
4       i = i + 1
5   print("sum = " + str(sum))
```

运行结果:

```
sum = 5050
```

拓展:$1+3+\cdots+99$、$\prod\limits_{i=1}^{100} i$、$\sum\limits_{i=1}^{n} i$、$\sum\limits_{i=m}^{n} i$ 等类似累加和或者累乘积的计算。

【实例 3.10】 求若干个学生某门课程的平均成绩。

算法分析:循环变量为学生人数,初值为 0,终值为学生个数 n,步长为 1。循环体累加每个学生的成绩,循环结束后求成绩的平均值。其结构流程图如图 3.7 所示。

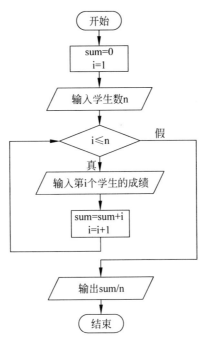

图 3.7　求平均成绩结构流程图

源代码：

```
1   sum,i = 0,1
2   n = int(input("请输入学生人数："))
3   while i <= n:
4       score = float(input("NO " + str(i) + "："))
5       sum += score
6       i = i + 1
7   print("平均成绩为 " + str(sum / n))
```

运行结果：

```
请输入学生人数：5
NO 1：100
NO 2：85.5
NO 3：98.7
NO 4：95
NO 5：65
平均成绩为 88.84
```

循环结构中也可以使用 else 子句，用于表示不满足循环条件时程序的执行流程。

【实例 3.11】　循环结构使用 else 子句。

源代码：

```
1   count = 0
2   while count < 5:
3       print(str(count) + " is less than 5.")
```

```
4          count = count + 1
5    else:
6          print(str(count) + " is not less than 5.")
```

运行结果:

```
0 is less than 5.
1 is less than 5.
2 is less than 5.
3 is less than 5.
4 is less than 5.
5 is not less than 5.
```

可见,当满足循环条件"count＜5"时,执行循环体,当不满足循环条件时,执行"print(str(count)＋" is not less than 5.")"。

3.3.2　for…in 循环

视频讲解

Python 提供的另一种循环结构是 for…in 循环。Python 提供的 for 循环语句与 Java、C++等编程语言提供的 for 语句不同,更像是 shell 或是脚本语言中的 for 循环,可以遍历如列表、元组、字符串等序列成员,也可以用在列表解析和生成器表达式中。

1. 使用序列项迭代序列对象

通过 for…in 循环可以迭代序列对象的所有成员,并在迭代结束后,自动结束循环,其语法如下:

```
for iterating_var in list:
    循环体
```

其中,iterating_var 为迭代变量,list 为序列(字符串、列表、元组、字典、集合)。执行时,迭代变量依次取序列中元素的值,直至取完,循环退出。

对应的结构流程图如图 3.8 所示。

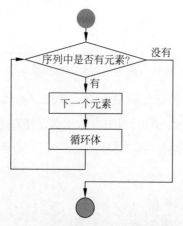

图 3.8　迭代序列 for…in 循环结构流程图

【实例 3.12】 统计字符串中各类字符的个数。

算法分析：使用迭代变量遍历序列（字符串）中的每一个元素，分别判断所属类型，并将对应个数加 1，直至遍历结束。结构流程图如图 3.9 所示。

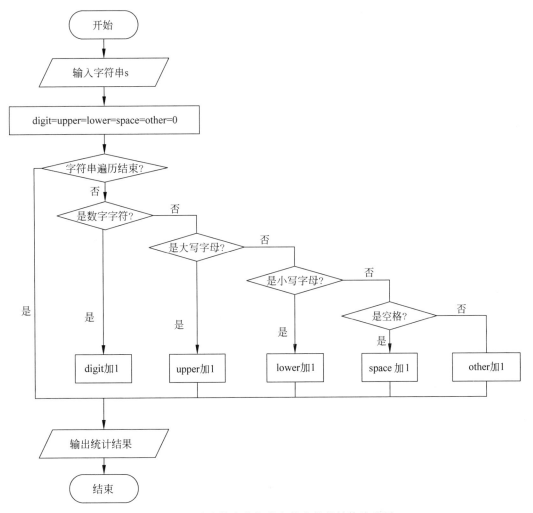

图 3.9 统计字符串中各类字符个数的结构流程图

源代码：

```
1   s = input("请输入一个字符串：")
2   digit,upper,lower,space,other = 0,0,0,0,0     #数字字符,大写字符,小写字符,空格字符,
                                                  #其他字符的个数
3   for i in s:
4       if i >= '0' and i <= '9':                 #判断i是否为数字字符
5           digit = digit + 1
6       elif i >= 'A' and i <= 'Z':               #判断i是否为大写字母
7           upper = upper + 1
8       elif i >= 'a' and i < 'z':                #判断i是否为小写字母
```

67

第
3
章

```
9          lower = lower + 1
10     elif i == ' ':      #判断 i 是否为空格字符
11         space = space + 1
12     else:     #其他字符
13         other = other + 1
14 print("数字字符: %d\n 大写字母: %d\n 小写字母: %d\n 空格字符: %d\n 其他字符: %d
15 \n" % (digit,upper,lower,space,other))
```

运行结果：

```
请输入一个字符串: Life is short, we need Python!
数字字符: 0
大写字母: 2
小写字母: 21
空格字符: 5
其他字符: 2
```

其中，实现字符分类的循环体也可用内置函数代替，如：

```
1  if i.isdigit( ):          #判断 i 是否为数字字符
2      digit = digit + 1
3  elif i.isupper( ):        #判断 i 是否为大写字母
4      upper = upper + 1
5  elif i.islower( ):        #判断 i 是否为小写字母
6      lower = lower + 1
7  elif i.isspace( ):        #判断 i 是否为空格字符
8      space = space + 1
9  else:
10     other = other + 1
```

内置函数 i.isdigit()、i.isupper()、i.islower()、i.isspace()分别用来判断 i 是否为数字字符、大写字母、小写字母和空格字符。

2. 使用序列索引迭代序列对象

在 for…in 循环结构中，也可以使用序列索引来遍历列表，语法如下：

```
for index in range(len(list)):
    循环体
```

其中，index 为序列的索引项，内置函数 range()为计数函数，len()获取序列长度。

【实例 3.13】 统计字符串中各类字符的个数（range 版）。

```
1  s = input("请输入一个字符串: ")
2  digit = upper = lower = space = other = 0    #数字字符、大写字母、小写字母、空格字符
                                                #和其他字符的个数
3  for i in range(len(s)):
4      if s[i].isdigit( ):                      #判断 i 是否为数字字符
5          digit = digit + 1
```

```
6        elif s[i].isupper( ):      #判断 i 是否为大写字母
7            upper = upper + 1
8        elif s[i].islower( ):      #判断 i 是否为小写字母
9            lower = lower + 1
10       elif s[i].isspace( ):      #判断 i 是否为空格字符
11           space = space + 1
12       else:
13           other = other + 1
14   print("数字字符: %d\n 大写字母: %d\n 小写字母: %d\n 空格字符: %d\n 其他字符: %d
15   \n" % (digit, upper, lower, space, other))
```

运行结果:

```
请输入一个字符串: I am a student, I am 20 years old!
数字字符: 2
大写字母: 2
小写字母: 20
空格字符: 8
其他字符: 2
```

使用 range()函数可以得到用来迭代的索引列表,使用索引下标"[ ]"可以方便快捷地访问序列对象。另外,还可以使用 range()函数实现类似 Java、C++等传统编程语言的 for 循环结构,即从循环三要素角度出发设计循环结构,语法格式为:

range([start,] end[, step = 1])

其中,range()函数会返回一个整数序列,可选项 start 为序列初值(循环变量初值),end 为序列终止值(循环变量终值,且不含 end 本身),可选项 step 为步长或增量,默认为 1。

【实例 3.14】 求 $\sum_{i=1}^{100} i$ (range 版)。

```
1   sum = 0
2   for i in range(1, 101, 1):
3       sum = sum + i
4   print("sum = " + str(sum))
```

运行结果:

```
sum = 5050
```

显然,此时的 for…in 循环与 while 循环完全等价。

3. 使用枚举函数迭代序列对象

Python 内置函数 enumerate()用于将一个可遍历的数据对象(列表、元组或者字符串)组合成一个索引序列,同时列出数据和下标,一般用于 for…in 循环中。语法格式为:

```
for index, iterating_var in enumerate(list, start_index = 0):
    循环体
```

其中，index 返回索引计数，iterating_var 为与索引计数相对应的索引对象成员，list 为待遍历的序列对象，start_index 为返回的起始索引计数，默认值为 0。

【实例 3.15】 输出学生花名册。

```
1    name_list = ["李白", "孟浩然", "王维", "李绅"]   #name_list 的数据类型为列表 list
2    for index, name in enumerate(name_list):
3        print(index, name)
```

运行结果：

```
0 李白
1 孟浩然
2 王维
3 李绅
```

视频讲解

3.3.3 循环嵌套

允许在一个循环结构中嵌入另一个循环结构，称为循环嵌套。在 Python 中，for…in 循环结构和 while 循环结构都可以进行循环嵌套。如：

```
while condition_expression 1:
    for index in range(len(list)):
        循环体
```

不仅 for 循环结构可以嵌入到 while 循环结构中，while 循环结构也可以嵌入到 for…in 循环结构中，同样也可以根据自身需要任意嵌套。

【实例 3.16】 输出九九乘法表（下三角形）。

算法分析：从结构看，九九乘法表是二维形式，单重循环无法实现。从内容看，第一个乘数每行一致，第二个乘数同行每列依次加 1，故使用两重循环。外循环控制第一个乘数（迭代变量为 1～9），内循环控制第二个乘数。因为要求按照下三角形输出，所以内循环迭代变量只能为 1～i。结构流程图如图 3.10 所示。

源代码：

```
1    for i in range(1, 10):
2        for j in range(1, i + 1):
3            print(str(i) + " * " + str(j) + " = " + str(i * j), end = " ")
4        print()       #每行末尾换行
```

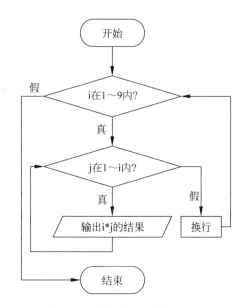

图 3.10　九九乘法表结构流程图

运行结果：

```
1 * 1 = 1
2 * 1 = 2 2 * 2 = 4
3 * 1 = 3 3 * 2 = 6 3 * 3 = 9
4 * 1 = 4 4 * 2 = 8 4 * 3 = 12 4 * 4 = 16
5 * 1 = 5 5 * 2 = 10 5 * 3 = 15 5 * 4 = 20 5 * 5 = 25
6 * 1 = 6 6 * 2 = 12 6 * 3 = 18 6 * 4 = 24 6 * 5 = 30 6 * 6 = 36
7 * 1 = 7 7 * 2 = 14 7 * 3 = 21 7 * 4 = 28 7 * 5 = 35 7 * 6 = 42 7 * 7 = 49
8 * 1 = 8 8 * 2 = 16 8 * 3 = 24 8 * 4 = 32 8 * 5 = 40 8 * 6 = 48 8 * 7 = 56 8 * 8 = 64
9 * 1 = 9 9 * 2 = 18 9 * 3 = 27 9 * 4 = 36 9 * 5 = 45 9 * 6 = 54 9 * 7 = 63 9 * 8 = 72 9 * 9 = 81
```

拓展：输出上三角九九乘法表、钻石形等图形。

【实例 3.17】　求 1!＋2!＋…＋20!。

算法分析：求 n！需要用循环结构实现，累加和也需要用循环结构实现，故采用双重循环。外循环计算累加和，内循环求 n！。结构流程图如图 3.11 所示。

源代码：

```
1   sum = 0                      # 累加和
2   for i in range(1, 21):       # 外循环,用于累加和
3       fact = 1                 # 存放 n!
4       for j in range(1, i + 1):  # 内循环,用于计算 i!
5           fact = fact * j
6       sum = sum + fact
7   print("sum = " + str(sum))
```

运行结果：

```
sum = 2561327494111820313
```

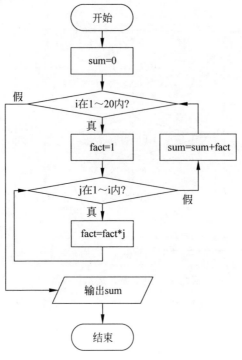

图 3.11　阶乘和结构流程图

观察运行过程可以发现,双重循环计算累加和时,每次都是从 1 开始计算 n!。事实上 n!＝(n−1)!＊n,故可以使用单重循环实现。优化后的代码:

```
1   sum = 0              #累加和
2   fact = 1             #存放 n!
3   for i in range(1, 21):
4       fact = fact * i  #直接使用 n!=(n−1)! * n 来计算 n!
5       sum = sum + fact
6   print("sum = " + str(sum))
```

循环结构中可以嵌套另一个循环结构,也可以嵌套选择结构,反之亦然。

【实例 3.18】 列出 1～200 的所有素数,要求每行输出 10 个数(标志变量版)。

算法分析:素数是一个只能被 1 和本身整除的自然数。判断 n 是否为素数的方法为依次除以 2～$\sqrt{n}$,如果能整除则不是素数。这个过程需要使用单重循环嵌套选择结构实现。而列出 1～200 的所有素数也需要用循环实现,故使用双重循环完成。流程图如图 3.12 所示。

源代码:

```
1   import math         #math 模型库,sqrt()函数需要使用
2   count = 0           #累计素数个数
3   for n in range(2, 201):  #外循环遍历 2～200
4       i,flag = 2,True
```

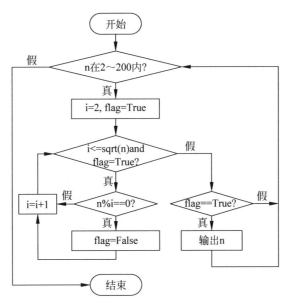

图 3.12 实例 3.18 结构流程图

```
5        while i <= math.sqrt(n) and flag:    #内循环对每一个数进行是否为素数的判断
6            if n % i == 0:                   #如果能够整除,则不是素数,flag置为 False
7                flag = False
8            i = i + 1
9        if flag:                             #如果是素数,则输出
10           count = count + 1
11           print(n, end = "\t")
12           if count % 10 == 0:              #控制每行 10 个
13               print()
```

运行结果:

```
2    3    5    7    11   13   17   19   23   29
31   37   41   43   47   53   59   61   67   71
73   79   83   89   97   101  103  107  109  113
127  131  137  139  149  151  157  163  167  173
179  181  191  193  197  199
```

说明:本实例中外循环使用 for…in 结构,内循环使用 while 结构,并在内循环中嵌入分支结构进行整除判断。引入标志变量 flag 来标志 n 是否为素数(默认值为 True),一旦判断能够整除(即不是素数),则修改 flag 值为 False,内循环条件执行为否,内循环退出。引入计数变量 count 来记录每行输出个数。

3.3.4 break 和 continue

在循环结构中,大多数情况下当循环条件满足时,循环体会一直被执行,直到循环条件不满足。但有时需要在某种条件下使循环提前结束,实现方法有两种:一是使用标志变量,如实例 3.18 中的 flag,通过 flag 值的变化,在循环未正常结束时提前退出循环;二是使用

视频讲解

break 语句来实现。

break 语句可以终止当前的循环。使用时一般与 if 语句搭配使用,表示在某种条件下提前结束循环。

【实例 3.19】 break 示例。

```
1   n = int(input("n: "))
2   for i in range(1, 11):
3       if i == n:
4           break
5       print(i, end = ",")
```

运行结果:

n: 5	n: 20
1,2,3,4,	1,2,3,4,5,6,7,8,9,10,

从运行结果可以看出,当 i 的迭代次数小于 10 时,循环会提前结束。

注意:使用嵌套循环时,break 语句只跳出最内层的循环。

【实例 3.20】 列出 1~200 的所有素数,要求每行输出 10 个数(break 版)。

```
1   import math                      #math 模型库,sqrt()函数需要使用
2   count = 0
3   for n in range(2, 201):          #外循环遍历数据
4       i = 2
5       while i <= math.sqrt(n):     #内循环判断是否为素数
6           if n % i == 0:           #能整除则不是素数,判断结束
7               break
8           i = i + 1
9       if i > math.sqrt(n):         #是素数
10          count = count + 1
11          print(n, end = "\t")
12          if count % 10 == 0:      #控制每行 10 个
13              print()
```

说明:内循环结束有两种途径,其中一种是 n 是素数正常结束,即所有的 n%i! =0,此时 i>sqrt(n);另一种是 n%==0 即 n 不是素数,提前结束循环。所以 break 版与标志变量版在输出素数时条件正好相反。

有时只是在一定条件下不想执行本次循环体,而继续执行下一轮循环,此时需要使用另一种语句——continue。

continue 是另一种提前结束循环语句,与 break 不同,continue 只结束本次循环,继续后续操作。

【实例 3.21】 continue 示例。

```
1   n = int(input("n: "))
2   for i in range(1, 11):
```

```
3        if i == n:
4            continue
5        print(i, end = ",")
```

运行结果：

n: 5	n: 20
1,2,3,4,6,7,8,9,10,	1,2,3,4,5,6,7,8,9,10,

从运行结果可以看出，当 n<10 时，只是不执行本次循环而继续执行后续循环。

【实例 3.22】 break 与 continue 的区别示例。

```
1     import random
2     n = random.randint(0, 10)
3     print("您选择的是", n)
4     for i in range(1,11):
5         if i == n:
6             print(i, "结束了.")
7             break
8         if i % 3 != 0:
9             print(i, "继续!")
10            continue
11        print('I love Python!')
```

运行结果：

您选择的是 4 1 继续！ 2 继续！ I love Python! 4 结束了.	♯满足 i % 3! = 0,执行 continue,进行下一次循环 ♯两个判断条件都不满足 ♯满足 i = = n,执行 break,退出循环

此程序段的执行过程也可以用图 3.13 表示。

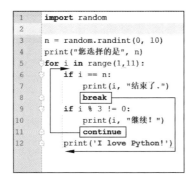

图 3.13 break 与 continue 的区别示意图

视频讲解

3.3.5 穷举与迭代

1. 穷举

穷举法也称为枚举法或者列举法,是计算机求解问题时常用的算法,用来解决那些通过公式推导、规则演绎等方法不能解决的问题。其基本思想是:不重复、不遗漏地列举出所有可能的情况,以便从中寻找满足条件的结果。采用穷举法解决实际问题时,主要使用循环结构嵌套选择结构实现——循环结构用于列举所有可能的情况,而选择结构用于判断当前条件是否为所求解,其一般框架为:

```
for 循环变量 x 的所有可能的值:
    if x 满足指定条件:
        x 即为所求解
```

【实例 3.23】 (百钱买百鸡)我国古代数学家张丘建在《算经》一书中提出的数学问题:鸡翁一值钱五,鸡母一值钱三,鸡雏三值钱一。百钱买百鸡,问鸡翁、鸡母、鸡雏各几何?

算法分析:假设有 x 只鸡翁(即公鸡),y 只鸡母(即母鸡),则鸡雏(小鸡)有$(100-x-y)$只。根据题意,一只公鸡需要五钱,一只母鸡需要三钱,一只小鸡需要一钱,故可以列方程 $5*x+3*y+\dfrac{1}{3}*(100-x-y)=100$。这是一个不定式方程,不能利用普通的公式推导得出结论,最常用的解法就是枚举,把所有可能的情况——列举出来。流程图如图 3.14 所示。

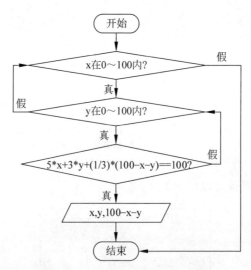

图 3.14 百钱买百鸡结构流程图

源代码:

```
1  for x in range(101):
2      for y in range(101):
3          if 5 * x + 3 * y + (1/3) * (100 - x - y) == 100:
4              print(x, y, (100 - x - y))
```

运行结果:

```
0 25 75
4 18 78
8 11 81
12 4 84
```

当然,此程序可以优化。由题意可以值,公鸡最多 20 只,母鸡最多 33 只,所以程序可以优化为:

```
1   for x in range(21):
2       for y in range(34):
3           if 5 * x + 3 * y + (1/3) * (100 - x - y) == 100:
4               print(x, y, (100 - x - y))
```

2. 迭代

迭代是另一种常用的循环算法,它利用计算机运行速度快,适合做重复动作的特点,让计算机对一组语句进行重复操作,并且后一次的操作数直接依赖于前一次的执行结果。用迭代法求解实际问题时,需要考虑两方面的问题。

(1) 确定迭代变量:由旧值直接或者间接递推而来的变量就是迭代变量。

(2) 建立迭代关系式:迭代关系式即"循环不变式",是一个直接或者间接地不断由旧值递推出新值的表达式。

【实例3.24】(斐波那契数列)意大利著名的数学家斐波那契在《计算之书》中提出了一个有趣的兔子问题:一对成年兔子每个月恰好生下一对小兔子(一雌一雄)。在年初时,只有一对小兔子。在第一个月结束时,它们成长为成年兔子,并且第二个月结束时,这对成年兔子将生下一对小兔子。这种成长与繁殖的过程会一直持续下去,并假设生下的小兔子都不会死,那么一年之后共可有多少对小兔子?(为清楚地描述数列,输出前 20 项)

算法分析:斐波那契数列(Fibonacci sequence)又称黄金分割数列、兔子数列。从问题的描述可以发现,年初时只有一对小兔子,第二个月这一对小兔子长成中兔子(兔子总数为 1 对);第三个月中兔子长成大兔子并生下一对小兔子(兔子总数为 2 对);第四个月小兔子长成中兔子,大兔子再生下一对小兔子(兔子总数为 1+1+1=3 对)……可以用表 3.2 描述这个过程。

表 3.2　斐波那契数列的变化过程

月数	小兔子对数	中兔子对数	大兔子对数	兔子总数
1	1	0	0	1
2	0	1	1	1
3	1	0	1	2
4	1	1	1	3
5	2	1	2	5
6	3	2	3	8
…	…	…	…	…

可以看出,斐波那契数列为1,1,2,3,5,8,…,从第三个数开始,后一个数是前两个数的和。可以使用迭代法求解,迭代表达式为:

$$F(n) = \begin{cases} 1, & n=1,2 \\ F(n-1)+F(n-2), & n>2 \end{cases}$$

其中 n 为 1 或者 2 时为迭代出口。

流程图如图 3.15 所示。

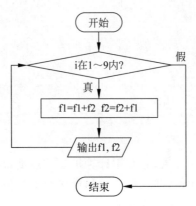

图 3.15　实例 3.24 结构流程图

源代码:

```
1   f1 = f2 = 1                    #迭代变量的初值
2   print(f1, f2, end = " ")       #先输出前两个数
3   for f_index in range(1, 10):   #每次输出两个数,一共输出 10 个数
4       f1 = f1 + f2               #迭代表达式,后一个数为前两个数的和
5       f2 = f2 + f1
6       print(f1, f2, end = " ")
```

运行结果:

```
1 1 2 3 5 8 13 21 34 55 89 144 233 377 610 987 1597 2584 4181 6765
```

视频讲解

3.4　流程控制综合例子

【实例 3.25】　设计小型的加减乘除测试小程序(由系统随机出 10 个加减乘除运算题目,运算数和运算符都由系统随机给出,系统自动给出答题结果和运算时间)。

算法分析:此实例需要循环与多分支结构嵌套,循环负责控制题目个数,分支结构检测加减乘除并进行相应计算。为简单起见,减法和除法都要求第一个操作数大于第二个操作数,并且除数不能为 0。流程图如图 3.16 所示。

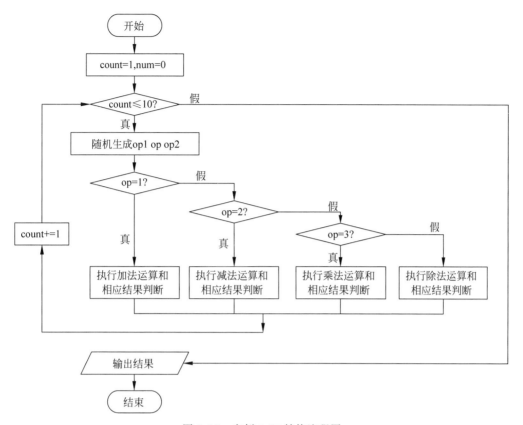

图 3.16 实例 3.25 结构流程图

源程序如下(为简单起见,将操作数规定为不大于 20 的数):

```
1    import random                    #随机函数库
2    import time                      #时间库
3    count,num = 1,0                  #分别表示题目个数,答对的题目个数
4    begin_time = time.time()         #取当前系统时间
5    while count < 11:
6        op1 = random.randint(1, 20)  #随机生成一个不大于 20 的数作为第一个操作数
7        op2 = random.randint(1, 20)  #随机生成一个不大于 20 的数作为第二个操作数
8        op = random.randint(1, 4)    #随机生成一个不大于 4 的数作为操作符
9        if op == 1:                  #加法运算
10           print(str(op1) + "+" + str(op2) + "=", end = "")
11           result = int(input( ))
12           if result == op1 + op2:
13               print("正确!")
14               num = num + 1        #答对题目个数加 1
15           else:
16               print("错误!")
17       elif op == 2:                #减法运算
18           if op1 < op2:            #保证被减数>减数
19               op1,op2 = op2,op1
20           print(str(op1) + "-" + str(op2) + "=", end = "")
21           result = int(input( ))
```

```
22          if result == op1 - op2:
23              print("正确!")
24              num = num + 1          #答对题目个数加1
25          else:
26              print("错误!")
27      elif op == 3:                  #乘法运算
28          print(str(op1) + " * " + str(op2) + " = ", end = "")
29          result = int(input( ))
30          if result == op1 * op2:
31              print("正确!")
32              num = num + 1          #答对题目个数加1
33          else:
34              print("错误!")
35      else:
36          while op2 == 0:            #除法中除数不能为0
37              op2 = random.randint(1, 100)
38          if op1 < op2:              #保证被除数>除数
39              op1, op2 = op2, op1
40          print(str(op1) + "/" + str(op2) + " = ", end = "")
41          result = int(input( ))
42          if result == op1 // op2:   #为简单起见,采用整除
43              print("正确!")
44              num = num + 1          #答对题目个数加1
45          else:
46              print("错误!")
47      count = count + 1
48  end_time = time.time()   #获取系统当前时间
49  print("答对" + str(num) + "道题目,得分" + str(10 * num))
50  print("用时为" + str(end_time - begin_time))   #两次时间差为运行时间
```

运行结果：

```
15/8 = 1
正确!
20 - 11 = 9
正确!
14 - 3 = 11
正确!
13/3 = 4
正确!
9 * 19 = 171
正确!
8/1 = 8
正确!
15/13 = 1
正确!
18 * 1 = 18
正确!
```

```
19 + 6 = 25
正确!
11/9 = 1
正确!
答对 10 道题目, 得分 100
用时为 28.110098600387573
```

【**实例 3.26**】 模拟"剪刀石头布"五局三胜猜拳游戏：选手和计算机轮流猜拳 5 次，3 次胜利才算赢。

算法分析：选手输入选项（"剪刀""石头""布"），计算机随机给出选项，按照游戏规则——"布">"石头"，"石头">"剪刀"，"剪刀">"布"进行评判和计数，一旦一方满足五局三胜则游戏结束。流程图如图 3.17 所示。

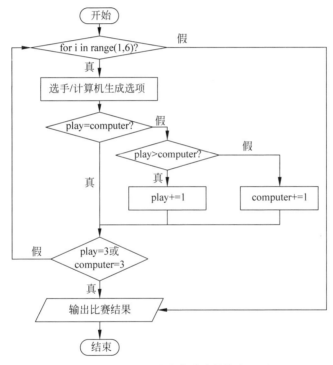

图 3.17 五局三胜猜拳游戏结构流程图

源程序如下：

```
1    import random              # 随机函数库
2    count1 = count2 = 0        # count1 和 count2 分别表示选手和计算机获胜的次数
3    for i in range(1, 6):      # 最多进行五局
4        print("第 % d 局:" % i)
5        play = input("选手: ")  # 选手输入选项并进行分类"剪刀" --> 1,"石头" --> 2,"布"
                                 # --> 3
6        play = 1 if play == "剪刀" else (2 if play == "石头" else 3)   # 三目运算符嵌套
```

```
7        computer = random.randint(1, 3)    #计算机随机生成选项:1.-剪刀,2.-石头,3.-布
8        #三目运算符嵌套输出计算机选项,可读性较差
9        print("计算机:剪刀") if computer == 1 else (print("计算机:石头") if computer == 2 else print("计算机:布"))
10       if play == computer:                #进行判断并计数
11           print("选项一样")
12       elif (play == 1 and computer == 2) or (play == 2 and computer == 3) or ( play == 3 and computer == 1):
13                                           #"剪刀"<"石头","石头"<"布","布"<"剪刀"
14           print("计算机赢")
15           count2 += 1
16       else:
17           print("选手赢")
18           count1 += 1
19       if count1 == 3 or count2 == 3:      #三胜退出
20           break
21   #输出最终结果
22   if count1 > count2:
23       print("最终选手胜出")
24   elif count1 < count2:
25       print("最终计算机胜出")
26   else:
27       print("平局")
```

运行结果:

```
第1局:
选手:剪刀
计算机:布
选手赢
第2局:
选手:石头
计算机:布
计算机赢
第3局:
选手:剪刀
计算机:石头
计算机赢
第4局:
选手:石头
计算机:石头
选项一样
第5局:
选手:布
计算机:剪刀
计算机赢
最终计算机胜出
```

【实例3.27】 用1、3、5、8这几个数字,能组成的互不相同且无重复数字的3位数各

是多少(每行输出 10 个数字)?总共有多少个?(蓝桥杯全国软件大赛青少年创意编程 Python 组)

算法分析:使用穷举法解决问题,循环结构列出所有可能,选择结构进行判断。

源程序:

```
1   data = [1, 3, 5, 8]        #列表存储数字,列表的内容在后续章节中详细介绍
2   count = 0                  #满足条件的数的个数
3   for i in data:             #穷举法进行判断,循环结构穷举所有可能
4       for j in data:
5           for k in data:
6               if i != j and j != k and k != i:   #选择结构进行判断是否满足给定条件
7                   count += 1                      #个数加 1
8                   print(100 * i + 10 * j + k, end = " ")  #输出数字
9                   if count % 10 == 0:             #每行 10 个数字
10                      print( )
11  print("\n一共" + str(count) + "个数字互不相同且无重复数字的 3 位数")
```

运行结果:

```
135 138 153 158 183 185 315 318 351 358
381 385 513 518 531 538 581 583 813 815
831 835 851 853
一共 24 个数字互不相同且无重复数字的 3 位数
```

视频讲解

3.5 光盘行动餐饮系统——勤俭节约

3.5.1 案例背景

2013 年 1 月 16 日,北京一个名为"IN_33"的团体发起"光盘行动"的公益活动。"光盘行动"的宗旨是:餐厅不多点、食堂不多打、厨房不多做,倡导厉行节约,反对铺张浪费,引导大家珍惜粮食,制止餐饮浪费行为。活动一经提出,就得到社会各方的大力支持。

在 2018 年世界粮食日,光盘打卡应用系统在清华大学正式发布。参与者用餐后手机拍照打卡,经由人工智能识别为"光盘"后可获得积分奖励,通过这种奖励的方式逐步引导人们养成节约的习惯,让中华民族勤俭节约的传统美德在新时代发扬光大。

2019 年,共青团中央《"美丽中国·青春行动"实施方案(2019—2023 年)》提出:"深化光盘行动,开展光盘打卡等线上网络公益活动"。4 月 22 日,共青团中央联合中华环保基金会和光盘打卡推出"2020 重启从光盘做起"光盘接力挑战赛。4 月 22 日—28 日,参与者用餐后通过光盘打卡小程序,人工智能识别光盘,成功光盘即可获得食光认证卡。除了高校的接力,活动也受到了环保、公益领域的关注与支持。

除此以外,文化和旅游部,商务部等发文号召餐饮行业"节俭消费提醒制度"。2020 年 8 月 11 日,习近平总书记对制止餐饮浪费行为作出重要指示。他指出,餐饮浪费现象,触目惊

心、令人痛心！"谁知盘中餐，粒粒皆辛苦。"尽管我国粮食生产连年丰收，对粮食安全还是始终要有危机意识，2020 年全球新冠肺炎疫情所带来的影响更是给我们敲响了警钟。

3.5.2　案例任务

"光盘行动餐饮系统"是一个具有点餐、进餐和结算功能的建议系统。在"点餐"功能模块中，根据人数 n 进行点餐，执行 n−1 的点餐规则。在"进餐"功能模块中，设置一个计数器进行模拟。在"结算"功能模块中，模拟 AI 机器人，通过扫描盘中剩余食品克数进行费用计算：如果总剩余量小于或等于 50g * n，则总餐费打八折；如果总剩余量小于或等于 100g * n，则总餐费打九折；如果总剩余量大于或等于 200 * n，则总餐费为应付餐费的 1.5 倍。

3.5.3　案例分析和实现

根据任务描述，程序可以分为如下几步：

（1）输出相关提示信息，并且输入进餐人数 n。

（2）根据进餐人数 n 进行点餐，餐品数量为 n−1。故在这个步骤，需要采用循环结构来完成点餐。同时累计原始应付餐费。

（3）模拟进餐过程。

（4）模拟机器人扫描剩余餐品，并且根据剩余餐品克数进行应付餐费的计算。需要采用多分支结构实现。

流程图如图 3.18 所示。

源程序如下：

```
1   print('欢迎光临 Python 餐馆,本餐馆实行"光盘行动",有几条规则请大家遵守：')
2   print('1.根据人数进行点餐,餐品数量为人数－1.')
3   print('2.进餐时间为人数＊15 分钟.')
4   print('3.根据剩余食品克数进行收费：')
5   print( '' ＊ 4 + '如果总剩余量小于或等于 50g＊人数,则总餐费打八折；\n' + '' ＊ 4 +
6   '如果总剩余量小于或等于 100g＊人数,则总餐费打九折；\n' + '' ＊ 4 + '如果总剩余量大
7   于或等于 200g＊人数,则总餐费为应付餐费的 1.5 倍.')
8   print('光盘行动,从我做起!')
9   n = int(input('请输入进餐人数：'))
10  print('请点餐' + str(n － 1) + "份,注意荤素搭配!")
11  food, money = '', 0
12  for i in range(n － 1):
13      f = input("请输入您的第" + str(i + 1) + "份餐品：")
14      food += f
15      food += ''
16      m = int(input("请服务员报价："))
17      money += m
18  print("您一共点了" + str(n － 1) + "份餐品,分别为：" + food + ",当前总费用为：" +
    str(money))
19  print("现在是您的用餐时间,时间为" + str(n ＊ 15) + "分钟.")
20  print("＝" ＊ 40)
21  print("现在请 AI 机器人扫描您盘中剩余食物：")
22  residus = float(input("请 AI 机器人报剩余餐品克数："))
```

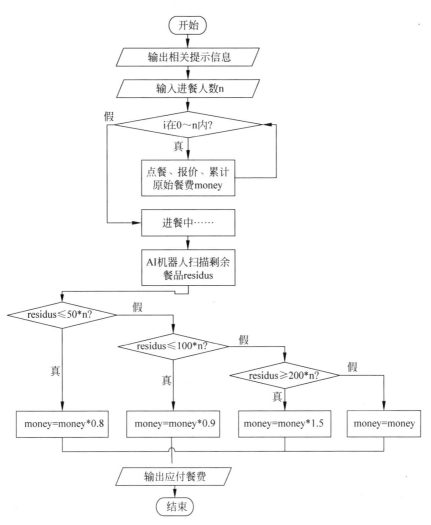

图 3.18 "光盘行动餐饮系统"流程图

```
23   if residus <= 50 * n:
24       money = money * 0.8
25       print("因您剩余餐品克数小于或等于" + str(50 * n) + ",为您打八折,您最终需要支
26   付" + str(money) + "元.\n感谢您为光盘行动做的贡献,谢谢您!")
27   elif residus <= 100 * n:
28       money = money * 0.9
29       print("因您剩余餐品克数小于或等于" + str(100 * n) + ",为您打九折,您最终需要
30   支付" + str(money) + "元.\n感谢您为光盘行动做的贡献,谢谢您!")
31   elif residus >= 200 * n:
32       money = 1.5 * money
33       print("因您剩余餐品克数大于或等于" + str(200 * n) + ",您需要支付 1.5 倍的餐
34   费,您最终需要支付" + str(money) + "元.\n您可以选择打包带回家,希望您下次注意,谢
35   谢配合!")
36   else:
37       print("因您剩余餐品克不满足优惠条件,也没有超过惩罚标准,您最终需要支付" +
38   str(money) + "元.\n感谢您为光盘行动做的贡献,谢谢您!")
```

运行结果：

```
欢迎光临 Python 餐馆,本餐馆实行"光盘行动",有几条规则请大家遵守:
1.根据人数进行点餐,餐品数量为人数 - 1.
2.进餐时间为人数 * 15 分钟.
3.根据剩余食品克数进行收费:
    如果总剩余量小于或等于 50g * 人数,则总餐费打八折;
    如果总剩余量小于或等于 100g * 人数,则总餐费打九折;
    如果总剩余量大于或等于 200g * 人数,则总餐费为应付餐费的 1.5 倍.
光盘行动,从我做起!
请输入进餐人数: 3
请点餐 2 份,注意荤素搭配!
请输入您的第 1 份餐品: 番茄炒鸡蛋
请服务员报价: 12
请输入您的第 2 份餐品: 红烧肉
请服务员报价: 48
您一共点了 2 份餐品,分别为: 番茄炒鸡蛋 红烧肉,当前总费用为: 60
现在是您的用餐时间,时间为 45 分钟.
=====================================
现在请 AI 机器人扫描您盘中剩余食物:
请 AI 机器人报剩余餐品克数: 100
因您剩余餐品克数小于或等于 150,为您打八折,您最终需要支付 48.0 元.
感谢您为光盘行动做的贡献,谢谢您!
```

3.5.4 总结和启示

本案例模拟"光盘行动"号召下的餐饮系统,使用字符串存储所点餐品,使用数字类型变量存放餐费;使用循环结构进行点餐,使用选择结构模拟 AI 机器人扫描剩余食品并分段结算费用的功能,即综合使用前面两章所学知识进行设计和模拟。通过这个案例,可以很好地理解和掌握数据类型和程序控制结构。当然,该案例所实现功能较为简单,但是随着后续知识的讲授和掌握,大家可以使用列表或者字典存储所点餐品和相应的费用,也可以使用文件或者数据库存放菜谱,从而实现更复杂、更真实的餐饮系统。

"历览前贤国与家,成由勤俭破由奢。"尽管我们的物质资源逐渐丰富,但勤俭节约的观念和习惯仍未过时,也绝不能丢。今年的新冠肺炎疫情对全球粮食安全造成的冲击更向我们敲响了警钟。杜绝浪费行为,必须要将勤俭节约的观念根植于心、付诸于行。光盘行动不只是打包剩菜剩饭,更透露出尊重劳动的品德,合理消费的意识。让我们共同告别舌尖上的浪费,践行餐桌上的文明。

3.6 本 章 小 结

本章详细介绍了 Python 的流程控制,主要包括顺序结构、单分支选择结构、双分支选择结构、多分支选择结构、while 循环结构、for…in 循环结构、break 语句和 continue 语句的概念和用法。在讲解过程中,结合大量实例,生动形象地演示了每种结构和语句的使用。并在最后结合"光盘行动餐饮系统"进行思政引导——勤俭节约。在学习本章内容时,可以模仿实例,梳理算法流程,动手实践,熟练掌握 Python 流程控制语句的使用。

3.7 巩固训练

【训练 3.1】 编写程序判断用户输入的年份是否为闰年(判断闰年的条件是:能被 400 整除或者能被 4 整除但不能被 100 整除)。

【训练 3.2】 已知三角形边长利用海伦公式求三角形面积和周长(海伦公式:三角形的 3 条边长为 a,b,c,则 $p=(a+b+c)/2$,面积 $area=\sqrt{p*(p-a)*(p-b)*(p-c)}$)。

【训练 3.3】 某小学的学优生评定标准:语文、数学、英语和科学 4 门课程的总分不低于 380 分,且每科成绩不低于 95 分,编程判断某位同学是否为学优生。

【训练 3.4】 (简易版个税计算器)某公司员工小王每月税前工资为 salary,五险一金等扣除为 insurance,其他专项扣除为 other,请编程计算小王每月应缴纳税额 tax 和实发工资 payroll。(结果保留两位小数)

注:应缴纳税额＝税前收入－5000(起征点)－五险一金扣除－其他扣除

个人所得税＝应缴纳税额×适用税率－速算扣除数

实发工资＝税前工资－个人所得税－五险一金

税率表如表 3.3 所示。

表 3.3　2020 年居民个人工资、薪金所得税税率表

级数	应纳税所得额/元	税率(%)	速算扣除数/元
1	不超过 3000 元的	3	0
2	超过 3000 元至 12 000 元的部分	10	210
3	超过 12 000 元至 25 000 元的部分	20	1410
4	超过 25 000 元至 35 000 元的部分	25	2660
5	超过 35 000 元至 55 000 元的部分	30	4410
6	超过 55 000 元至 80 000 元的部分	35	7160
7	超过 80 000 元的部分	45	15 160

【训练 3.5】 幸运 52 猜数游戏(模仿幸运 52 中猜价钱游戏,编写程序,计算机随机产生一个正整数,让用户猜,并提醒用户猜大了还是猜小了,直到用户猜对为止,计算用户猜对一个数所用的秒数)。

【训练 3.6】 求出所有的水仙花数(水仙花数是指一个 3 位数,它的每个位上的数字的 3 次幂之和等于它本身。例如,$1*1*1+5*5*5+3*3*3=153$)。

【训练 3.7】 模拟输出超市购物小票。输入商品名称、价格、数量,算出应付金额。用户输入整钱,实现找零和抹零的功能,最后输出购物小票。运行效果图如图 3.19 所示。

【训练 3.8】 有一个分数数列 $\frac{2}{1}$,$\frac{3}{2}$,$\frac{5}{3}$,$\frac{8}{5}$,$\frac{13}{8}$,…,编程计算这个数列的前 20 项之和(结果保留两位小数)。

【训练 3.9】 每行十个输出所有的 4 位"回文数"("回文数"是一种特殊数字,从左边读和从右边读的结果是一模一样的)。

```
Python超市收银系统
商品个数:2
商品名称  单价       数量
egg 5.85 1.89
milk 48.5 1
应付金额:59.56
实收:100
Python超市购物小票
共购买2件商品
商品名称  单价       数量
egg       5.85     1.89
milk             48.5     1.0
应付:59.56
实收:100.0
找零40.4
```

图 3.19 输出超市购物小票

　　【**训练 3.10**】 编程实现：输出 1～1000 之间包含 3 的数字。如果 3 是连在一起的(如 233)则在数字前加上 &；如果这个数字是质数则在数字后加上 *(例如,3,13 * ,23 * , & 33,43 * ,…, & 233 * ,…)。

第4章　高级数据类型

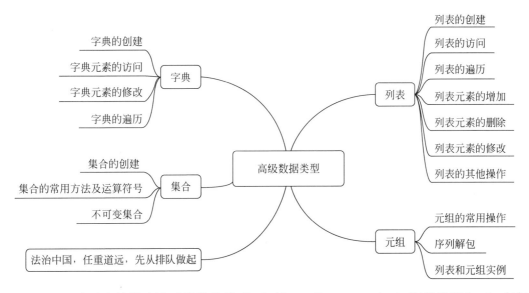

Python 除了支持前边讲过的数值类型(包括 int、float、complex)、字符类型(str)、布尔类型(bool)外,还支持列表(list)、元组(tuple)、字典(dict)、集合(set)等高级数据类型,这些高级数据类型可以用来存放多个数据元素。其中列表和元组以及前面学习的字符串类型通常称为序列类型,序列类型采用相同的索引体系,索引号从左向右依次递增,第一个索引号为 0。还可以反向访问,从右向左,初始值为 -1,依次递减。关于序列的相关操作可以参考2.4.2节字符串部分。

本章将详细讲解 Python 中的列表(list)、元组(tuple)、字典(dict)、集合(set)这几种数据类型的用法。

4.1 列　　表

列表(list)是 Python 中用来存储多个数据对象的一种容器。例如：

```
[0, 1, 2, 3, 4, 5, 6, 7, 8, 9]          #存储 10 个整型数据的列表
['星期一', '星期二', '星期三', '星期四', '星期五', '星期六', '星期日']  #存储一个星期
['李小明', 19, True]
```

列表在形式上是由一对英文中括号括起来的多个数据元素,元素之间用英文逗号分隔开。每个列表对象里的元素的数据类型可以相同,也可以不同。

4.1.1　列表的创建

视频讲解

列表的创建方法有两种。一种是直接用英文中括号将任意个元素括起来,例如：

```
>>> lista = []                          #创建一个名为 lista 的空列表
>>> listb = [1,2,3]                     #创建一个名为 listb,且有 3 个整型数据的列表
>>> listc = [True,False,1,'name']       #创建一个名为 listc,且有 4 个不同数据类型的列表
```

另一种是用 list()函数来定义,()中可用任意可迭代数据类型或序列数据作为参数,例如：

```
>>> listd = list()              #创建空列表,等价于 listd = []
>>> liste = list('0123456789')  #等价于 liste = ['0', '1', '2', '3', '4', '5', '6', '7', '8', '9']
>>> listf = list(listb)         #等价于 listf = [1,2,3]
>>> listg = list(range(10))     #等价于 listg = [0, 1, 2, 3, 4, 5, 6, 7, 8, 9]
```

注意：列表不能参与四则运算。

4.1.2　列表的访问

可以直接使用列表名输出整个列表,也可以通过列表的索引获取指定的元素。例如：

```
>>> list1 = ['Monday', 'Tuesday', 'Wednesday', 'Thursday', 'Friday', 'Saturday', 'Sunday']
>>> print(list1[2])     #获取索引值为 2 的元素,结果为'Wednesday'
>>> print(list1)        #获取整个列表值
```

【实例 4.1】　随机输出励志金句。

```
1    import random       #导入随机类库
2    #定义列表 posivie,存储励志金句
3    positive = ['一个人最大的挑战,是如何去克服自己的缺点.',
4                '天才是百分之一的灵感加上百分之九十九的努力.',
5                '环境永远不会十全十美,消极的人受环境控制,积极的人却控制环境.',
6                '没有礁石,就没有美丽的浪花;没有挫折,就没有壮丽的人生.',
7                '精彩的人生总有精彩的理由,笑到最后的才会笑得最甜.',
```

```
8              '你若不想做,会找一个或无数个借口;你若想做,会想一个或无数个办法.',
9              '请一定要有自信.你就是一道风景,没必要去别人风景里面仰视.,'
10             '穷则思变,差则思勤!',
11             '没有比人更高的山,没有比脚更长的路.']
12  number = random.choice(positive)    #随机在列表 positive 中选择一个元素
13  print(number)
```

运行结果:

```
环境永远不会十全十美,消极的人受环境控制,积极的人却控制环境.
```

4.1.3 列表的遍历

视频讲解

列表的遍历指一次性、不重复地访问列表的所有元素。在遍历过程中可以结合其他操作一起完成,例如查找、统计等。常用的列表遍历方法有两种。

1. 直接使用 for…in 循环遍历

【实例 4.2】 使用列表实现唐宋八大家的输出。

```
1  #列表的元素可以是字符串
2  list_writer = ['韩愈','柳宗元','苏洵','苏辙','苏轼','曾巩','欧阳修','王安石']
3  print("唐宋八大家: ",end = '')
4  for name in list_writer:
5      print(name,' ',end = '')
```

运行结果:

```
唐宋八大家: 韩愈  柳宗元  苏洵  苏辙  苏轼  曾巩  欧阳修  王安石
```

第 2 行代码 list_writer=['韩愈','柳宗元','苏洵','苏辙','苏轼','曾巩','欧阳修','王安石']创建了一个列表对象,列表中的元素是 8 个字符串。第 4～5 行利用一个 for 循环实现了将列表中的元素输出的功能。其中第 4 行代码表示遍历列表 list_writer,name 会依次取该列表中的元素。

2. 使用 for…in 循环和 enumerate() 函数实现

这种方法可以同时输出索引值和列表元素的内容。

【实例 4.3】 使用列表实现唐宋八大家的输出(enumerate 版)。

```
1  list_writer = ['韩愈','柳宗元','苏洵','苏辙','苏轼','曾巩','欧阳修','王安石']
2  print("唐宋八大家: ")
3  for index, name in enumerate(list_writer):
4      print(index + 1, name)
```

运行结果:

```
唐宋八大家：
1 韩愈
2 柳宗元
3 苏洵
4 苏辙
5 苏轼
6 曾巩
7 欧阳修
8 王安石
```

视频讲解

4.1.4 列表元素的增加

列表是一个可变序列。当创建列表后，其元素可以增加、删除和修改。常见的增加元素操作有如下 3 种。

1. 使用 append()方法

append()方法用于在列表末尾添加新的对象。例如：

```
>>> list1 = ["北京市", "上海市", "天津市"]
>>> list1.append("重庆市")
```

则 list1 的元素为'北京市'，'上海市'，'天津市'，'重庆市'。

2. 使用 extend()方法

extend()方法同样也是在列表末尾添加新的对象。该方法的参数为一个列表类型，其功能是将该参数的每个元素都添加到原有的列表中。例如：

```
>>> list2 = ['泉山区','云龙区','鼓楼区']
>>> t = ['铜山区','贾汪区']
>>> list2.extend(t)
```

则 list2 的元素为'泉山区'，'云龙区'，'鼓楼区'，'铜山区'，'贾汪区'。

append()方法可以接收任意类型的一个参数，如果参数是列表类型的，则将参数作为一个整体添加到列表末尾。如将 list2.extend(t)改为 list2.append(t)，则 list2 的元素为：['泉山区'，'云龙区'，'鼓楼区'，['铜山区'，'贾汪区']]。此时，list2 只有 4 个元素，而非 5 个元素。

3. 使用 insert()方法

insert()方法表示在列表的指定索引位置增加元素。例如：

```
>>> list3 = ['富强','民主','文明','自由','平等','公正','法治','爱国','敬业','诚信','友善']
>>> list3.insert(3,'和谐')    #表示在索引值为 3 的位置插入值为'和谐'的数据元素
```

则 list3 的元素为：['富强'，'民主'，'文明'，'和谐'，'自由'，'平等'，'公正'，'法治'，'爱国'，'敬业'，'诚信'，'友善']。

4.1.5 列表元素的删除

视频讲解

常见的删除元素操作有如下 3 种。

1. 使用 del 命令删除列表中的元素

del 命令删除列表中指定索引值的元素。例如：

```
>>> list1 = ["北京市", "上海市", "天津市","重庆市"]
>>> del list1[2]        ♯删除索引值为 2 的元素,即删除"天津市"
>>> del list1[0:2]      ♯删除索引值为 0 和 1 的元素,即删除"北京市"和"上海市"
>>> del list1           ♯删除整个列表,如在这是仍使用 list 时,则出现"NameError"的异常
```

2. 使用 pop()方法删除列表中的元素

pop()方法是根据索引值删除并返回对应位置的元素。例如：

```
>>> list1 = ["北京市", "上海市", "天津市","重庆市"]
>>> list1.pop(2)        ♯删除索引值为 2 的元素,即删除"天津市"
>>> list1.pop(-1)       ♯删除索引值为 -1 的元素,即删除"重庆市"
```

如果在 IDLE 交互式执行,可以非常明显地看出 del 命令与 pop()方法的区别如下所示：

```
>>> list1 = ["北京市", "上海市", "天津市","重庆市"]
>>> del list1[2]        ♯删除索引值为 2 的元素,即删除"天津市"
>>> list1
['北京市', '上海市', '重庆市']
>>> list1 = ["北京市", "上海市", "天津市","重庆市"]
>>> list1.pop(2)
'天津市'
```

注意：

(1) 两者都可以删除指定元素,del 命令直接删除而 pop()方法在删除的同时返回对应元素。

(2) 如果索引值越界,则产生 IndexError 的异常。

3. 使用 remove()方法删除首次出现的元素

remove()方法用来删除列表中首次出现的指定元素。例如：

```
>>> list1 = ["北京市", "上海市", "天津市","重庆市", "天津市"]
>>> list1.remove('天津市') ♯删除第一次出现的元素'天津市',删除后 list1 的元素为'北京
                          ♯市', '上海市', '重庆市', '天津市'
```

4.1.6 列表元素的修改

列表元素的修改只需要通过索引值获取该元素值,然后再为其重新赋值即可。例如：

```
>>> list1 = ["北京市", "南京市", "天津市","重庆市"]
>>> list1[1] = '上海市'          ♯将索引值为 1 的元素修改为'上海市',此时 list1 为['北京市',
                                ♯'上海市', '天津市', '重庆市']
```

视频讲解

4.1.7 列表元素的排序

Python 提供内置函数 sort()和 sorted()对列表元素进行排序。其语法格式为：

```
list_name.sort/sorted(key = None, reverse = False)
```

其中，key 表示指定从每个元素中提取一个用于比较的键，默认值为 None；reverse 表示排序方式，默认为升序排列。

sort() 和 sorted() 的不同之处在于前者会改变原列表元素的排列顺序，后者会建立一个原列表的副本，该副本为排序后的列表，而原列表保持不变。

【实例 4.4】 sort() 和 sorted() 使用示例。

```
1   list1 = [1,10,4,2,5, - 1,100]
2   list1.sort()
3   print("升序: ",list1)        #输出: 升序: [ - 1, 1, 2, 4, 5, 10, 100]
4   list1 = [1,10,4,2,5, - 1,100]
5   list1.sort(reverse = True)
6   print("降序: ",list1)        #输出: 降序: [100, 10, 5, 4, 2, 1,  - 1]
7   list1 = [1,10,4,2,5, - 1,100]
8   list2 = sorted(list1)
9   print("原列表: ",list1)      #输出: 原列表: [1, 10, 4, 2, 5,  - 1, 100]
10  print("新列表: ",list2)      #输出: 新列表: [ - 1, 1, 2, 4, 5, 10, 100]
```

注意：采用 sort() 方法对列表进行排序时，对中文支持不友好！

4.1.8 列表的其他操作

同字符串一样，也可以对列表进行多种操作，如表 4.1 所示。

表 4.1   列表的常用操作（假设 list1 ＝ [1,2,3,4,5,6,7,8,9,10]）

操　作	格　　式	说　　明	示　　例
索引	list_name[index]	获取指定索引值 index 的列表元素	list1[3] 的值为 4
切片	list_name[start: end: step]	截取区间 [start,end) 的元素值，同样分为正向切片和反向切片	list1[1: 4] #[2, 3, 4] 正向切片 list1[9: 2: - 2] #[10, 8, 6, 4] 反向切片且步长为 2
连接	list_name1 + list_name2	将后一个列表追加在前一个列表的尾部，形成新的列表	list1 = [1,2,3,4] list2 = list("abcd") list3 = list1 + list2 #[1, 2, 3, 4, 'a', 'b', 'c', 'd']
统计长度	len(list_name)	统计列表元素个数	len(list1) #10
获取次数	list_name.count(obj)	获取指定元素在列表中的出现次数	list2 = list('abcdabcdaaa') list2.count('a') #5
获取首次索引	list_name.index(obj)	获取指定元素在列表中的出现次数的索引	list2 = list('abcdabcdaaa') list2.index('a') #0
统计和	sum(list_name[,start])	统计数值列表中各元素的和	sum(list1) #55
最大值	max(list_name)	求数值列表中各元素的最大值	max(list1) #10
最小值	min(list_name)	求数值列表中各元素的最小值	min(list1) #1

4.2 元　　组

视频讲解

元组(tuple)是另一种将多种不同数据类型的数据存放在一起的高级数据结构。其格式为用一对英文小括号"()"将多个元素存放在一起,多个元素之间用英文逗号隔开。

4.2.1 元组的常用操作

元组的基本操作与列表类似,唯一不同之处在于元组是不可变数据类型,即不能对元组进行增加、删除、修改和排序等操作,否则会发生"TypeError：'tuple' object does not support item assignment"的异常。其常用操作如表 4.2 所示。

表 4.2　元组的常用操作(假设 tuple1＝(1,2,3,4,5,6,7,8,9,10))

操作	格　式	说　明	示　例
创建	tuple_name = ([elements]) tuple_name = tuple()	创建元组,当 elements 缺省时,表示创建空元组	t1 = ()　#创建名为 t1 的空元组,与 t1 = tuple()等价 t2 = (1,2,3)　#创建名为 t2 的元组,长度为 3
访问	tuple_name[index]	访问索引值为 index 的元素,也可以直接使用元组名访问	tuple1[3]　#访问第 3 个元素,即 4 tuple1　　#直接访问整个元组
遍历	与循环语句结合使用	同列表完全一致	
切片	tuple_name[start: end: step]	截取区间[start,end)的元素值,同样分为正向切片和反向切片	tuple1[1: 4]　#[2, 3, 4] 正向切片 tuple1[9: 2: -2]#[10, 8, 6, 4] 反向 #切片且步长为 2
连接	tuple1_name1 + tuple1_name2	将后一个元组追加在前一个元组的尾部,形成新的元组	tuple1 = (1,4,3,2) tuple2 = tuple("abcd") t = tuple1 + tuple2　#(1, 4, 3, 2, 'a', 'b', 'c', 'd')
统计长度	len(list_name)	统计元组元素个数	len(tuple1)　#10
获取次数	tuple_name.count(obj)	获取指定元素在元组中的出现次数	tuple2 = tuple('abcdabcdaaa') tuple2.count('a')　#5
获取首次索引	tuple_name.index(obj)	获取指定元素在元组中的出现次数的索引	tuple2 = tuple('abcdabcdaaa') tuple2.index('a')　#0
统计和	sum(tuple_name[,start])	统计数值元组中各元素的和	sum(tuple1)　#55
最大值	max(tuple_name)	求数值元组中各元素的最大值	max(tuple1)　#10
最小值	min(tuple_name)	求数值元组中各元素的最小值	min(tuple1)　#1

注意,创建元组时,如果只有一个元素时,一定要在元素的后面加",",否则无法正确创建元组。例如:

```
>>> tuple_t = (1)          #想创建只有一个元素的元组
```

```
>>> print(type(tuple_t))        # 输出结果为：< class 'int'>
>>> tuple_t = (1,)              # 正确的做法
>>> print(type(tuple_t))        # 输出结果为：< class 'tuple'>
```

4.2.2 序列解包

当一个元组中包含多个元素时，可采用解包操作将每个元素赋给不同的变量，例如：

```
>>> tuplea = ('zhangsan',18,'nan')      # 元组中包含 3 个元素
>>> name,age,sex = tuplea               # 通过解包操作将不同的元素赋给不同的变量
>>> print(name,age,sex)
```

此时，name、age、sex 分别被赋值为'zhangsan'、18、'nan'。这种操作经常用作函数调用，多参数返回值的情况。

4.2.3 列表和元组实例

【实例 4.5】 表 4.3 是江苏省 13 个地级市 2019 年 GDP 和常住人口数，请使用列表和元组将 13 个地级市按照 GDP 降序排列。

表 4.3 江苏省 13 个地级市 2019 年 GDP 和常住人口数

地级市名	2019 年 GDP(亿元)	常住人口数(万)
南京市	14 030.20	850.55
无锡市	11 852.30	659.15
徐州市	7151.40	882.56
常州市	7400.90	473.60
苏州市	19 235.80	1074.99
南通市	9383.40	731.80
连云港市	3139.30	451.10
淮安市	3871.20	493.26
盐城市	5702.30	720.89
扬州市	5850.10	454.90
镇江市	4127.30	320.35
泰州市	5133.40	463.61
宿迁市	3099.20	493.79

算法分析：由表 4.3 可知，每个城市需要 3 个数据描述，故可以使用列表或者元组存储（首选元组，因为运行速度快）。另外，一共 13 个地市，并且要进行排序，所以需要使用列表进行存储。所以，采用列表嵌套元组的形式存储表格数据。当然，在后续学习中，也可以采用文件形式存储。

```
1   city = [('南京市', 14 030.20, 850.55), ('无锡市', 11 852.30, 659.15), ('徐州市', 7151.40,
        882.56),
2           ('常州市', 7400.90, 473.60), ('苏州市', 19 235.80, 1074.99), ('南通市', 9383.40,
        731.80),
```

```
3              ('连云港市', 3139.30, 451.10), ('淮安市', 3871.20, 493.26), ('盐城市', 5702.30,
        720.89),
4              ('扬州市', 5850.10, 454.90), ('镇江市', 4127.30, 320.35), ('泰州市', 5133.40,
        463.61),
5              ('宿迁市', 3099.20, 493.79)]
6      city.sort(key = (lambda x: x[1]), reverse = True)
7      print('城市\t\t\tGDP(亿元) 常住人口数(万)')
8      for i in range(0, 13):
9          for index, item in enumerate(city[i]):
10             print("% - 10s" % item, end = "")
11         print()
```

运行结果：

城市	GDP(亿元)	常住人口数(万)
苏州市	19 235.80	1074.99
南京市	14 030.20	850.55
无锡市	11 852.30	659.15
南通市	9383.40	731.80
常州市	7400.90	473.60
徐州市	7151.40	882.56
扬州市	5850.10	454.90
盐城市	5702.30	720.89
泰州市	5133.40	463.61
镇江市	4127.30	320.35
淮安市	3871.20	493.26
连云港市	3139.30	451.10
宿迁市	3099.20	493.79

4.3 字　　典

如果有一个成绩单，格式如"张红：97，李明：76，苏云：84"，能不能用前面学过的数据类型存储这些数据呢？我们可能会考虑用两个列表：name 列表存储姓名，score 列表存储分数。这是一种解决方案，但是这种解决方案需要 name 列表和 score 列表中的元素要一一对应好，稍微有点复杂。其实还有更好的解决方案。

Python 提供了一种映射型数据结构——字典，它通过键值对的方式存储了数据与数据之间的对应关系。字典是将多个形如"键：值"的元素放在一对英文大括号中，多个元素之间用英文逗号隔开{键1：值1，键2：值2，…}的高级数据类型。其中键名不可修改，只有不可变的数据可以充当；而键值是允许修改的，任何类型的数据都可以充当键值。

关于字典的键名与键值，需要强调以下几点：键名具有唯一性，字典中不允许出现相同的键名，但是不同的键名允许对应相同的键值。字典中的键必须是不可变的类型，一般是字符串、数字或者元组；而键值却可以是任何数据类型。如果在字典的定义中确实需要使用多个子元素联合充当键，则需要使用元组。

4.3.1 字典的创建

字典的创建可以采用下列方法：

（1）直接用{}括起来多个包含"键：值"的元素，如

```
>>> dicta = {}          #定义一个空字典
>>> print(dicta)        #输出结果为: {}
>>> dictb = {'name': 'zhou ming','age': 18,'xingbie': 'nan'}    #包含 3 个元素的字典
>>> print(dictb)        #输出结果为: {'name': 'zhou ming', 'age': 18, 'xingbie': 'nan'}
```

（2）采用 dict()函数来生成字典，如

```
>>> dicta = dict()              #空字典
>>> print(dicta)               #输出结果为: {}
>>> keys = ['name','age','xingbie']
>>> values = ['zhou ming',18,'nan']
>>> dictb = dict(zip(keys,values))          #利用 zip()函数来生成形如(键,值)的数据对
>>> print(dictb)               #输出结果为: {'name': 'zhou ming', 'age': 18, 'xingbie': 'nan'}
>>> dictc = dict(name = 'zhou ming',age = 18,xingbie = 'nan')    #注意赋值语句左边是变量名
>>> print(dictc)               #输出结果为: {'name': 'zhou ming', 'age': 18, 'xingbie': 'nan'}
>>> dictd = dict([('name','zhou ming'),('age',18),('xingbie','nan')])    #注意与上边的区别
>>> print(dictd)               #输出结果为: {'name': 'zhou ming', 'age': 18, 'xingbie': 'nan'}
```

以上是生成同样字典的 3 种方法，应注意区别其用法，了解它们之间的差异。

4.3.2 字典元素的访问

字典定义好后，可以访问其中的元素。字典中的每一对键值对被称为字典的条目 item。需要注意的是，字典中的元素是无序的，即不能通过序号来访问，只能通过键名来访问。

（1）通过"字典名[键名]"的方式访问字典中该键名所对应的键值，例如：

```
>>> dict1 = {"jiangsu": "nanjing","zhejiang": "hangzhou"}
>>> print(dict1["jiangsu"])        #输出结果为: nanjing
```

字典只提供了"键名"到"键值"的单向访问，不能通过"键值"直接反向访问"键名"。大家可以尝试在上面的例子中末尾增加一句：print(dict1["nanjing"])，观察运行情况。

如果运行 print(dict1["nanjing"])，则系统会报错，这是因为我们在使用字典名[键名]的时候，会把[]中的内容看作一个键名，而在字典 dict1 中并没有"nanjing"这个键名，所以系统报错。

（2）通过 get()方法来访问键值，语法格式为"字典名.get(键)"。get()方法按照指定的"键名"访问字典中对应条目，并返回其对应的"值名"；如果指定的"键名"在字典中不存在，则返回 None。当使用方括号语法访问并不存在的键名时，会引发 KeyError 错误；但如果使用 get()方法访问不存在的键名，则该方法会简单地返回 None，不会导致错误。因此该方法要比方括号语法更加实用。

```
>>> dict1 = {"jiangsu": "nanjing","zhejiang": "hangzhou"}
>>> print(dict1.get("jiangsu"))    #输出结果为: nanjing
```

```
>>> print(dict1.get("hubei"))    #输出结果为：None
```

4.3.3 字典元素的修改

字典定义好后，若其中元素的值发生变化，则可以对其进行相应的修改。

（1）增加新的元素，例如：

```
>>> dictb = {'name': 'zhou ming','age': 18,'xingbie': 'nan'}
>>> dictb['chengji'] = 88    #增加了一个'chengji'键，其对应的值为 88
>>> print(dictb)             #输出结果为：{'name': 'zhou ming', 'age': 18, 'xingbie': 'nan',
                                          'chengji': 88}
```

（2）修改已经存在的键所对应的值，例如（接着上步代码运行）：

```
>>> dictb['chengji'] = 91    #将'chengji'修改为新的值 91
>>> print(dictb)             #输出结果为：{'name': 'zhou ming', 'age': 18, 'xingbie': 'nan',
                                          'chengji': 91}
```

（3）利用 pop()删除某键对应的元素，例如（接着上步代码运行）：

```
>>> dictb.pop('chengji')        #删除键为'chengji'的元素，同时返回 91
>>> print(dictb) #输出结果为：{'name': 'zhou ming', 'age': 18, 'xingbie': 'nan'}
#可看到键名为'chengji'的元素已被删除
```

（4）利用 clear()方法将字典中的所有元素都删除，例如（接着上步代码运行）：

```
>>> dictb.clear()            #将所有元素删除掉
>>> print(dictb)             #输出结果为：{}
```

4.3.4 字典的遍历

（1）keys()方法可返回字典中所有的键名，可以利用该方法遍历字典中所有的键名。

视频讲解

【实例 4.6】 将系统中所有的用户名输出。

```
1  #假设系统中有一个字典存储了该系统中所有的用户名和对应的密码
2  user_password = {"zhangsan": "abc123","lisi": "123456","wangwu": "666666","qiansan":
   "888888"}
3  #将系统中所有的用户名输出
4  for name in user_password.keys():
5      print(name)
```

运行结果：

```
zhangsan
lisi
wangwu
qiansan
```

（2）values()方法可返回字典中所有的键值，可以利用此方法遍历字典中所有的键值。

第4章

高级数据类型

【实例 4.7】 输出最受欢迎的前 5 部电影导演的名字。

```
1   #假设有一个字典存储了豆瓣中最受欢迎的电影及对应的导演,这里只是列举了前 5 部电影
2   top5 = {"肖申克的救赎 ": "弗兰克·德拉邦特","霸王别姬": "陈凯歌","阿甘正传": "罗伯
3   特·泽米吉斯","这个杀手不太冷": "吕克·贝松","泰坦尼克号": "詹姆斯·卡梅隆"}
4   for director in top5.values():
5       print(director)
```

运行结果：

```
弗兰克·德拉邦特
陈凯歌
罗伯特·泽米吉斯
吕克·贝松
詹姆斯·卡梅隆
```

（3）items()方法可获取到字典中所有的条目。

【实例 4.8】 将系统中的用户名和对应的密码输出。

```
1   #假设系统中有一个字典存储了该系统中所有的用户名和对应的密码
2   user_password = {"zhangsan": "abc123","lisi": "123456","wangwu": "666666","qiansan":
    "888888"}
3   for name in user_password.items():
4       print(name)
```

运行结果：

```
('zhangsan', 'abc123')
('lisi', '123456')
('wangwu', '666666')
('qiansan', '888888')
```

4.4　集　　合

视频讲解

集合(set)是将多个元素放在一对英文大括号中,多个元素相互之间用英文逗号隔开,同一集合中的元素不允许重复。集合有可变集合与不可变集合两种。

4.4.1　集合的创建

可变集合的创建可以采用下列方法：

（1）直接用{}将多个用英文逗号分隔开的元素括起来,如：

```
>>> seta = {-1,2,5}      #定义一个包含 3 个元素的集合
>>> print(seta)          #输出结果为: {2, 5, -1}
>>> setb = {}            #注意,如果这样定义是定义一个空字典
```

```
>>> setb                    # 输出结果为：{}
>>> type(setb)              # 查看 setb 的类型，输出结果为：< class 'dict'>
                            # 可见{}是字典类型，而不是集合类型
>>> setc = {1,2,3,4,3,2}    # 可看到表达式中有两个2、两个3
>>> print(setc)            # 输出结果为：{1, 2, 3, 4}，查看 setc 会发现自动将重复的值去掉
```

（2）采用 set()函数来生成集合，如

```
>>> seta = set()              # 定义一个空集合
>>> print(seta)               # 输出结果为：set()，注意空集合的形式
>>> setb = set([1,2,3,4,3,2]) # 利用列表生成集合，注意重复元素只保留一个
>>> print(setb)               # 输出结果为：{1, 2, 3, 4}
>>> setc = set('abcdcba')     # 利用字符串生成集合
>>> print(setc)               # 输出结果为：{'a', 'd', 'c', 'b'}
```

4.4.2 集合的常用方法及运算符号

Python 提供了一系列对于集合的操作，表 4.4 列出了常用的几种操作和集合运算符。

表 4.4 集合的常用操作（假设 seta＝{1,2,3} setb＝{2,3,4}）

操作	格　式	说　明	示　例

增加元素	seta.add(iterm)	将 iterm 增加到集合 seta 中	>>> seta.add(4)
			>>> print(seta)
			{1, 2, 3, 4}

删除元素	seta.pop()	弹出并返回任意一个元素，若无元素则返回异常	>>> m = seta.pop()
			>>> print(m)
			1

删除元素	seta.discard(iterm)	删除集合中的元素 iterm	>>> seta.discard(1)
			>>> print(seta)
			{2,3}

删除元素	seta.remove(iterm)	删除集合中的元素 iterm，若不存在，则出错	>>> seta.remove(1)
			>>> print(seta)
			{2,3}

统计长度	len(seta)	统计集合元素个数	>>> len(seta) 3

清空集合	seta.clear()	移除集合 seta 中的所有元素	>>> seta.clear()
			>>> seta
			{}

集合复制	seta.copy()	复制一个集合	>>> setb = seta.copy()
			>>> setb
			{1, 2, 3}

第
4
章

高级数据类型

操 作	格 式	说 明	示 例

差集操作	seta.difference(setb)	获取 seta 与 setb 的差集	>>> seta.difference(setb) ♯差集操作，即 seta－setb
			{1}
			>>> seta ♯注意，运行结束后，seta 的值不变
			{1, 2, 3}

	seta－setb		>>> seta－setb {1}

交集操作	seta.intersection(setb)	获取 seta 与 setb 的交集	>>> setc = seta.intersection(setb)
			>>> setc
			{2, 3}

	seta & setb		>>> seta & setb {2, 3}

并集操作	seta.union(setb)	获取 seta 与 setb 的并集	>>> setc = seta.union(setb)
			>>> setc
			{1, 2, 3, 4}

	seta ｜ setb		>>> seta ｜ setb {1, 2, 3, 4}

4.4.3　不可变集合

Python 除了支持前文介绍的可变集合外，还支持不可变集合，简单理解就是一旦定义为不可变集合，那么它的值就不能被更改，例如：

```
>>> setc = frozenset()          ♯定义一个不可变空集
>>> setd = frozenset('abcde')   ♯定义一个包含 5 个元素的不可变集合
>>> print(setd)                 ♯输出结果为：frozenset({'c', 'a', 'd', 'b', 'e'})
>>> setd.add('f')               ♯试图在不可变集合中添加一个元素，但是运行报错
Traceback (most recent call last):
  File "< pyshell♯88 >", line 1, in < module >
    setd.add('f')
AttributeError: 'frozenset' object has no attribute 'add'
```

不可变集合支持如下方法：copy( )、difference( )、intersection( )、isdisjoint( )、issubset( )、issuperset( )、symmetric_difference( )、union( )，具体使用方法与可变集合的使用方法相同，在此不再重复。

4.5　综 合 例 子

【实例 4.9】　根据诗名猜作者。系统功能：显示诗名，要求用户输入该诗的作者，系统判断是否正确。

分析：一个诗人对应多首诗，但是一首诗对应一位诗人，所以考虑将诗名和诗人的信息以"诗名：诗人"的格式存储到字典中。系统应该随机选择某一首诗。将字典的键名取出存

储到一个列表中，用 random.choice() 方法从该列表中随机选择一首诗。然后让用户输入答案，判断是否正确。

代码如下：

```
1   #该实例实现功能：根据诗名猜作者
2   import random
3   #首先定义一个字典,字典中的元素以"诗名:作者"格式存储
4   poet_writer = {'锄禾': '李绅','九月九日忆山东兄弟': '王维','咏鹅': '骆宾王','秋浦歌': '李
5   白','竹石': '郑燮','石灰吟': '于谦','示儿': '陆游'}
6   poet = list(poet_writer.keys())
7   p = random.choice(poet)
8   print(p,'的作者是谁')
9   answer = input('enter your answer: ')
10  if answer == poet_writer[p]:
11      print("correct!")
12  else:
13      print("wrong")
```

运行结果：

```
咏鹅 的作者是谁
enter your answer: 李白
wrong
```

在第 2 行导入 random 库，因为后面的第 7 行用到。第 4 行定义了一个字典，该字典存储了诗名和作者的对应关系。因为作者和诗名之间的对应关系是一对多，而诗名和作者之间的关系是一对一，所以我们把诗名作为关键字。下面要从这些诗名中随机抽取一个让用户猜作者。这里的关键是如何随机抽取诗名。由于字典中的元素是没有顺序的，所以不能用索引来访问。第 6 行利用字典的 keys() 方法获取该字典中所有的关键字，将其转换为 list 类型并存储到一个列表 poet 中。那么接下来就是如何随机抽取 list 中的一个元素。方法有很多，例如这里用 random 库的 choice() 方法可以从列表中随机抽取一个元素。接下来的第 9 行接收用户的输入，后面的第 10～13 行比较用户的输入和答案是否一致，若一致则输出 correct，若错误则输出 wrong。

总结：这个实例用到了字典、列表，学到了如何提取字典中的关键字，如何提取关键字对应的键值，如何将字典的关键字转换为列表，如何随机抽取列表中的元素等。大家可以进一步考虑以选择题的形式展示给用户。

【实例 4.10】 文本分析。请分析出下段文字中单词的个数，出现频率最高的前 5 个单词以及这 5 个单词出现的次数。

While many in China are taking high-speed trains back home for the upcoming Spring Festival, Zhong Nanshan, a renowned respiratory expert, rode the rails on Saturday to Wuhan, Hubei province, the epicenter of the viral pneumonia outbreak.

Zhong, 84, who heads a National Health Commission expert panel conducting research on the new epidemic, was the first to confirm on Monday during an interview with China Central Television that the new coronavirus can be transmitted between humans.

He advised people not to travel to and from Wuhan as he worked to combat the outbreak.

Two photos circulated widely on social media by Guangzhou Daily showed Zhong taking a short break on the train and rushing to a hospital in Wuhan to learn about patients'conditions.

分析：

（1）将文本中所有单词转为小写。

（2）将单词分隔开。由于分隔符有空格和各种标点符号，所以可以将所有的标点符号用空格代替。然后用 split()方法分隔成一个个单词。

（3）用"单词：次数"的格式将每个单词及对应的出现次数存储到字典中。

代码：

```
text = "While many in China are taking high - speed trains back home for the upcoming
Spring Festival, Zhong Nanshan, a renowned respiratory expert, rode the rails on Saturday
to Wuhan, Hubei province, the epicenter of the viral pneumonia outbreak. Zhong, 84, who
heads a National Health Commission expert panel conducting research on the new epidemic,
was the first to confirm on Monday during an interview with China Central Television that
the new coronavirus can be transmitted between humans. He advised people not to travel to
and from Wuhan as he worked to combat the outbreak. Two photos circulated widely on social
media by Guangzhou Daily showed Zhong taking a short break on the train and rushing to a
hospital in Wuhan to learn about patients' conditions. "
text = text.lower()
for ch in ",.;?!'":
    text = text.replace(ch," ")  #用空格代替标点符号
words = text.split()  #将这段文字分隔成单词,并放入一个列表中
#下面准备以字典的形式存储每个单词
counts = {}
for word in words:
    if word in counts.keys():
        counts[word] = counts[word] + 1
    else:
        counts[word] = 1
#按照单词出现次数排序
#首先将字典中的键值对作为列表的元素放入列表中
words_counts = list(counts.items())
#对 words_counts 排序,按照出现的次数
words_counts.sort(key = lambda x:x[1], reverse = True)
#输出频度最高的 5 个单词及对应的次数
for i in range(5):
    print(words_counts[i][0],":",words_counts[i][1])
```

运行结果：

```
the : 9
to : 7
on : 5
a : 4
zhong : 3
```

【实例4.11】 用户登录检测模块。用户输入用户名和密码，判断是否正确。用户名不存在，提示不存在；若用户名存在，密码不正确，提示密码不正确；若都正确，提示登录成功。

分析：将用户名和对应的密码存储到一个字典中，然后根据用户输入的用户名和密码与字典中存储的信息进行比较。

```
1   name_password = {"zhangsan": "abc123","lisi": "123456","wangwu": "666666","qiansan":
    "888888"}
2   user_name = input("enter your name: ")
3   user_password = input("enter your password: ")
4   if user_name in name_password.keys():
5       if name_password[user_name] == user_password:
6           print("Load Success!")
7       else:
8           print("Password is wrong!")
9   else:
10      print("user_name not exit")
```

4.6 法治中国，任重道远，先从排队做起

视频讲解

4.6.1 案例背景

党的十八大报告提出，要大力加强社会主义核心价值体系建设，"倡导富强、民主、文明、和谐，倡导自由、平等、公正、法治，倡导爱国、敬业、诚信、友善，积极培育和践行社会主义核心价值观"。其中法治是治国理政的基本方式，是社会和谐有序运转的基础。社会中的每一个个体都要遵守规则、维护规则，例如学生遵守课堂秩序，教学才能有序进行；企业员工遵守企业的规章制度，才能保证正常生产；行人、车辆遵守交通法规，才能保证交通有序；社会有了各种规章制度，人们生活才能安定有序地进行；国家有了各种法律法规，人们的生活才有了安全保障。

法律法规虽然效力很高，但在我们的日常生活中，对部分行为的规范只能依靠教育引导，如排队购买商品、排队上车、排队买车票等。这些行为虽然微小，却能反映一个人甚至一个国家的素质。排队是社会文明的最基本要求。法治中国，任重道远，先从排队做起。

4.6.2 案例任务

先来先服务是在生活中经常需要遵守的规则。在计算机操作系统中，也涉及排队问题，

例如,在只有一个 CPU 的计算机系统中,有很多作业在等待使用 CPU,操作系统会将 CPU 分配给哪一个作业呢? 一种很常见的策略就是先来先服务。

4.6.3 案例分析与实现

本案例模拟实现操作系统中的先来先服务进程调度算法。其基本流程如下:

(1) 首先让用户输入若干个进程的信息包括进程名和需要运行的时间,并将进程名按输入顺序放入列表中,进程名和运行时间按照"键名:键值"的形式存储到字典中。

(2) 按照先进先出的顺序获取列表中的一个元素。

(3) 开始运行该进程,并输出相应信息。

(4) 转到第(2)步,直至列表为空。

源代码:

```
1   #首先让用户输入作业名和作业需要的运行时间
2   import time
3   job_list = []
4   job_time = {}
5   for i in range(3):
6       p_name = input("enter job name: ")
7       p_time = eval(input("enter cpu time: "))
8       job_list.append(p_name)
9       job_time[p_name] = p_time
10  print("begin FCFS: ")
11  print('正在服务的对象    等待列表')
12  for i in range(3):
13      run_p = job_list.pop(0)
14      print(run_p, '              ', job_list)
15      time.sleep(job_time[run_p])
16  print("所有进程运行结束")
```

运行结果:

```
enter job name: p1
enter cpu time: 2
enter job name: p2
enter cpu time: 1
enter job name: p3
enter cpu time: 2
begin FCFS:
正在服务的对象    等待列表
p1             ['p2', 'p3']
p2             ['p3']
p3             []
所有进程运行结束
```

4.6.4 总结和启示

随着我国经济的快速发展,人们的生活水平有了极大的提升,但是中国式过马路、理直气壮插队、公共场所乱拥乱挤、城市交通乱停乱行等不文明行为还是屡见不鲜。排队作为社会文明的基本准则,需要人人遵守,这样才能提高美好生活的幸福指数,促进社会公平正义,使人民获得感、幸福感更加充实、更有保障。

4.7 本章小结

本章详细介绍了 Python 中常见的列表、元组、字典、集合等序列数据类型,并通过丰富的实例阐述了这些数据对象的创建及使用方法,特别是序列数据类型的切片操作及常用的函数。能够熟练地创建并灵活使用这些序列数据类型是本章学习的重点。

4.8 巩 固 训 练

【训练 4.1】 创建包含 0～9 共计 10 个整型数据元素的列表对象、元组对象、集合对象。

【训练 4.2】 对上题中的列表对象做取下标为[1,3,5]的切片操作。

【训练 4.3】 已知某数据为"abcdedcba",利用所学的知识输出该数据中的元素(不输出重复元素)。

【训练 4.4】 将自己的学号、姓名、性别信息定义为一个字典,并利用讲过的方法添加自己的身高信息到字典中,然后输出自己的这 4 个信息。

【训练 4.5】 定义一个包含 10 个同学考试成绩的元组,然后运用讲过的相关函数输出10 个同学中的最高分、最低分及平均分。

【训练 4.6】 改进实例 4.9,以选择题的形式让用户选择诗名对应的诗人。

高级数据类型

第5章　　　　　　　函　　数

能力目标

【应知】　理解通过函数实现模块化编程思想。

【应会】　掌握函数定义和调用的方法,掌握函数参数传递的机制,掌握默认参数、可变长参数和关键字参数,掌握局部变量和全局变量,掌握 lambda 函数和递归函数。

【难点】　函数的参数、lambda 函数和递归函数。

知识导图

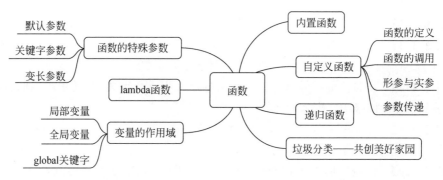

在设计较复杂的程序时,一般采用自顶向下的方法,将复杂问题先划分为几个部分,各个部分再进行细化,直到分解为能够较容易解决的子问题为止,每个子问题就变成独立的程序模块。每个模块构成整个算法的一部分,并完成一个单独的功能。使用模块可以使整个算法更简单、更有系统性,并且能够减少错误。由于每个模块只完成一个单独的任务,程序设计人员可以逐个模块地进行开发,设计出相应算法,所有模块的算法都开发完成后,一个复杂问题就得到了完全的解决。

利用函数,不仅可以实现程序的模块化,使得程序设计更加简单和直观,从而提高程序的易读性和可维护性,而且还可以把程序中经常用到的一些计算或操作编写成通用函数,以供随时调用。

本章的主要内容包括 Python 内置函数和自定义函数,如何定义函数,如何调用函数,函数的实参、形参,参数之间是如何传递的,函数的默认参数,可变长参数、关键字参数、局部变量和全局变量以及 lambda 函数和递归函数。

5.1 内置函数

为了方便用户，Python 提供了许多内置函数，例如 print、abs、len、int、max 等。表 5.1 列出了部分内置函数，内置函数是可以直接使用的函数。对于内置函数，需要了解函数的输入参数、返回值、函数的功能和具体的函数名。

表 5.1 常用的内置函数

函数名	函数功能	示　　例
print(s)	输出字符串 s	print("hello,Python")
raw_input()	从用户键盘捕获字符，可以有参数，也可以没有参数，有参数时，参数作为提示语句显示	yname = raw_input() y_name = raw_input("enter your name:")
type(a)	返回参数 a 的类型	type(4)
int(a)	将参数 a 转化为整数并返回	y = int(3.5)
float(a)	根据参数 a 返回其对应的浮点数	y = float(3)
str(a)	返回参数 a 的字符串形式	y = str(35)
id(a)	返回参数 a 的内存地址	y = id(6)
pow(a,b)	返回参数 a 的 b 次幂	y = power(3,4)
abs(x)	返回参数 x 的绝对值。参数可以是实数也可以是复数，若参数是复数，则返回复数的模	y = abs(-3.4)
complex([r[, i]])	创建一个实部为 r，虚部为 i 的复数，其中参数 i 可选	y = complex(3,5)
divmod(a, b)	返回 a/b 的商和余数	x,y = divmoid(10,3)
range([b], e[, s])	生一个从 b 开始，到 e 结尾，步长为 s 的序列，默认从 0 开始，步长为 1	range(1,10,2)
round(x[, n])	返回参数 x 的四舍五入值，参数 n 可选，表示保留 n 位小数，默认表示不保留小数位	round(3.1415926) round(3.1415926,2)
sum()	对可迭代对象参数求和	y = sum(1,2,3,4)

5.2 自定义函数

视频讲解

5.2.1 自定义函数的定义

当内置函数无法满足需求时，就需要自己创建函数，称为自定义函数，其语法格式为：

```
def func_name(arg1, arg2, arg3, ..., argN):
    statement(s)
    [return expression]
```

其中,函数的定义包括以下几个部分。

函数定义以 def 关键词开头,后接函数标识符名称即函数名和小括号( )。小括号中放的是函数的参数,也称为形式参数或者形参,若有多个参数,则参数之间用逗号隔开。函数可以有参数也可以没有参数,但是必须有小括号。小括号后面紧跟一个冒号,一定记得冒号不能省略。

函数体由一些语句构成,需要注意的是,函数体需要缩进。缩进块内的内容是函数的主体,没有被缩进的部分是不属于该函数的。

可以通过 return expression 将表达式的值返回给调用程序。当然函数可以没有返回值,这时在函数体内部就没有 return 语句。有时函数会有多个返回值。

总之函数的定义给出了函数的名称,指定了函数的参数和函数体,并且指出了有无返回值,有几个返回值。

【实例 5.1】 函数定义示例。

```
1   def greet():        #定义一个输出欢迎信息的函数.函数名 greet,没有参数
2       print("Welcome to Python world!")
3   def c_f(c):         #定义一个将摄氏度向华氏度转换的函数,函数名 c_f,有一个参数 c
4       f = 32 + c * 1.8
5       return f
```

实例 5.1 定义了两个函数,分别是 greet 函数和 c_f 函数,其中 greet 函数没有参数,函数体是一条输出语句,没有返回值。c_f 函数有一个参数 c,在函数体中实现将摄氏度 c 转换为华氏度 f,并通过 return f 将计算出的华氏度 f 返回给调用函数。

运行上面的程序,可以发现该程序没有任何输出,因为这里只是进行了函数定义,函数的定义并不会使得函数执行。要运行该函数,必须通过函数调用。

5.2.2 自定义函数的调用

函数调用是指将一组特定的数据传递给被调用函数,然后启动函数体的执行,最后返回到主程序中的调用点并带回返回值的过程。调用方法如下:

func_name(par1,par2,…)

其中:

(1) func_name 为函数名,和函数定义时的函数名必须保持一致;

(2) 函数调用中函数名后边的小括号内的 par1,par2,…为函数实参,即从主程序向该函数传递的参数值。需要注意的是,函数定义中有多少个形参,调用时就需要传入多少个值,且顺序必须和函数定义时保持一致。另外,即使该函数没有参数,函数名后的小括号也不能省略。

【实例 5.2】 调用实例 5.1 中定义的函数示例。

```
1   greet()#调用函数 greet,该函数没有返回值
2   f_temperature = c_f(30)#调用函数 c_f,将 30 传递给形参 c
3   print("30 摄氏度对应的华氏度为: ",f_temperature)
4   print("20 摄氏度对应的华氏度为: ",c_f(20))#调用函数 c_f,将 20 传递给形参 c
```

运行结果：

```
Welcome to Python world!
30 摄氏度对应的华氏度为: 86.0
20 摄氏度对应的华氏度为: 68.0
```

实例 5.1 中定义了一个没有返回值的函数 greet，在该函数定义中没有 return 语句，调用这样的函数时的基本格式为"函数名（实参列表）"，正如实例 5.2 中的第 1 行代码所示。有返回值的函数，在函数定义中应有 return 语句。实例 5.1 中定义了一个 c_f 函数，该函数有一个返回值。在进行函数调用时可以出现在赋值表达式的右边，将函数的返回值赋值给一个变量，如实例 5.2 中第 2 行代码：f_temperature＝c_f(30)。也可以出现在表达式中，此时先计算出函数的返回值，然后参与运算，如实例 5.2 中第 4 行。

【实例 5.3】　有多个返回值的函数示例。

```
1   def ave_names(dic1):
2       scores = [values for values in dic1.values()]
3       sum = 0
4       for score in scores:
5           sum = sum + score
6       ave = sum/len(scores)
7       names = []
8       for name in dic1.keys():
9           if dic1[name]< ave:
10              names.append(name)
11      return ave,names
12  scores = {"zhangsan": 90,"lisi": 79,"wangwu": 56,"zhangliu": 72}
13  average,names = ave_name(scores)
14  print("平均分: ",average)
15  print("低于评价分的有: ",names)
```

运行结果：

```
平均分: 74.25
低于评价分的有: ['wangwu', 'zhangliu']
```

函数 ave_name 的参数是一个字典，该字典是以"姓名：分数"格式存储的成绩单，函数功能是获取平均分和低于平均分的同学名字。可以看到，在函数体的最后一行有"return ave,names"，即该函数有两个返回值。所以在进行函数调用时，需要用两个变量来接收返回的值。第 13 行代码：average,names＝ave_names(scores)，这样实现变量 average 接收返回的 ave,names 接收返回的 names。

视频讲解

5.2.3　形式参数和实际参数

函数的参数有形参和实参之分，其中形参指的是函数定义时函数名后面括号里的参数，多个形参用逗号","分隔，这些形参用于接收函数调用时传入的具体数据，其作用域为该函数局部。实参是在函数调用时函数名后小括号中的参数，用于给形参传递具体的值。在进行函数调用时参数传递的过程如图 5.1 所示。

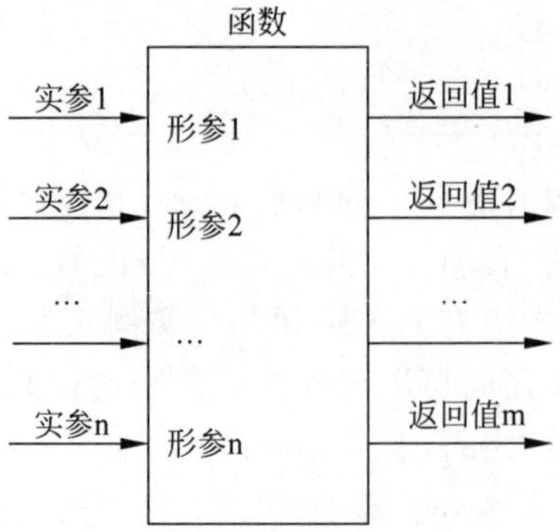

函数

实参1 → 形参1 → 返回值1

实参2 → 形参2 → 返回值2

… … …

实参n → 形参n → 返回值m

图 5.1　函数调用示意图

【实例 5.4】　形参和实参示例。

```
1   def add(a,b):              #这里的 a 和 b 就是形参
2       return a + b
3   result = add(1,2)          #这里的 1 和 2 是实参
4   print("1 + 2 = ",result)
5   x = 2
6   y = 3
7   print(x," + ",y," = ",add(x,y))   #这里的 x 和 y 是实参
```

运行结果：

```
1 + 2 = 3
2 + 3 = 5
```

在实例 5.4 中定义了一个函数 add，有两个形参 a 和 b，一个返回值。第 3 行 result＝add(1,2)是函数调用，这里的 1 和 2 是实参，1 的值传递给形参 a，2 的值传递给形参 b，add(1,2)得到的值赋值给 result。

在函数调用时，实参列表按照形参列表的顺序依次向形参传递，如图 5.2 所示。

第 7 行也是函数调用，首先将实参 x 的值传递给形参 a，实参 y 的值传递给形参 b，计算得到 a 和 b 之和，然后返回两者之和，在 print 语句中，将结果输出。

在函数调用时，实参和形参要一一对应，包括参数个数的对应、参数类型的对应，否则会导致错误。

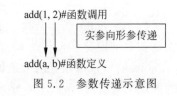

图 5.2　参数传递示意图

假设仍然使用上面的 add 函数，如果进行如下的函数调用：

```
>>> print(add(5))
```

则会提示如下错误：

```
TypeError: add() missing 1 required positional argument: 'b'
```

如果采用如下的函数调用(参数类型不对应):

```
>>> print(add(2,'hello'))
```

则会提示如下错误:

```
TypeError: unsupported operand type(s) for + : 'int' and 'str'
```

5.2.4 参数传递

视频讲解

函数调用时,实参向形参传递,传递的方式有两种:值传递和引用传递。在值传递过程中,形式参数作为被调函数的局部变量处理,即在堆栈中开辟了内存空间来存放由实参传递过来的值,从而成为了实参的一个副本。不管在函数中对这个形参如何操作,实际参数值本身不会受到任何影响。如果传入的参数对象是可变对象——列表或字典,则是引用传递。可变对象参数在函数体内被修改,那么源对象也会被修改。

【实例 5.5】 参数传递示例。

```
1   def plus_one(x):          ♯将数值形参 x 的值增加 1
2       x = x + 1
3   def plus_two(list1):      ♯将列表形参的每个元素值增加 2
4       for i in range(len(list1)):
5           list1[i] = list1[i] + 2
6   m = 5
7   list1 = [1,2,3]
8   print("执行增加函数之前:")
9   print("m: ",m)
10  print("list1: ",list1)
11  plus_one(m)
12  plus_two(list1)
13  print("执行增加函数之后:")
14  print("m: ",m)
15  print("list1: ",list1)
```

运行结果:

```
执行增加函数之前:
m: 5
list1: [1, 2, 3]
执行增加函数之后:
m: 5
list1: [3, 4, 5]
```

实例 5.5 中定义了两个函数,其中 plus_one 函数的参数是数值类型的,函数的功能是将该参数的值增加 1。plus_two 函数的参数是一个列表,其功能是将列表中的每个元素值增加 2。在进行函数调用 plus_one(m)时,m 的值传递给了参数 x,在函数体中将 x 的值增加了 1,但是对形参 x 的改变并没有影响到实参 m,所以调用函数之前和之后 m 的值都是5,没有任何改变。在进行函数调用 plus_two(list1)时,实参 list1 的值传递给了形参 list,在函数体中将形参 list 中的每个元素值都增加 2,之后输出 list1 的值,发现实参 list1 的值发生了改变——每个元素的值都增加了 2。

当参数是数值类型、字符串类型和布尔类型、元组时,形参的改变不会影响实参,这样的数据类型称为不可变数据类型。当参数是列表、字典时,形参的改变意味着实参的改变,这样的数据类型称为可变数据类型。

5.3 函数特殊参数

5.3.1 默认参数

视频讲解

函数参数可以在 Python 中具有默认值,在定义函数时使用赋值运算符“＝”为形式参数提供默认值。调用时如果不给此参数传递实参值,则会使用默认值;如果给默认参数传递了实参值,则使用传入的实参值。

【实例 5.6】 默认参数示例。

```
1  def power(x, n = 2):          #默认参数 n 的值为 2
2      s = 1
3      while(n > 0):
4          s = s * x
5          n = n - 1
6      return s
7  y = power(5)                  #函数调用时,第二个参数 n 没有指定值,采用默认值 2
8  print(5," ** ",2," = ",y)
9  print("4 ** 3 = ",power(4,3)) #函数调用时,指定了第二个参数 n 的值,就采用指定的值
```

运行结果:

```
5 ** 2 = 25
4 ** 3 = 64
```

上面的例子中定义了一个 power 函数,这个函数有两个参数:x 和 n。其中 n 是默认参数,设置的默认值是 2,y＝power(5),只传入了 x 的值,并没有传入 n 的值,所以 n 采用默认值 2,因此其结果为 25。在 power(4,3)中,4 传给了 x,3 传给了 n,结果就是 64。

默认参数只能出现在参数列表的最后,其后面不能出现非默认参数。

【实例 5.7】 默认参数的错误实例。

```
1  def power(x = 2, n):
2      s = 1
3      while(n > 0):
4          s = s * x
5          n = n - 1
6      return s
7  y = power(5)
8  print(y)
```

运行结果：

```
def power(x = 2, n):
              ^
SyntaxError: non - default argument follows default argument
```

5.3.2 关键字参数

前面学习的参数传递，是按照位置来传递的，例如，如果函数的定义是 func_1(a, b, c, d) 这样的形式，那么在函数调用时 func_1(x, y, z, w) 就会从左到右依次匹配，形成如图 5.3 所示的参数传递效果。

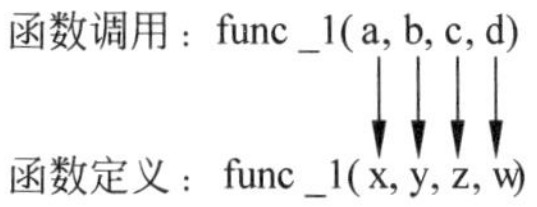

视频讲解

函数调用：func_1(a, b, c, d)

函数定义：func_1(x, y, z, w)

图 5.3　参数传递

可以看出，在函数调用时实参按照形参的位置从左到右依次传递，实参的顺序必须与形参完全一致。一旦两者不一致，会产生意想不到的运行结果。例如，求 2^3：

```
>>> print(pow(2,3))     #输出结果为8,正确
>>> print(pow(3,2))     #输出结果为9,错误
```

可见，按位置传递时，实参顺序不能有误，而关键字实参对于实参的位置没有要求。关键字参数在函数调用时实参采用"形参名＝实参"的格式，明确将实参值传递给某个形参，实现一种显式的参数匹配效果，从而摆脱位置的约束。

【实例 5.8】 关键字参数示例。

```
1  def student_information(name,age,college):
2      print("name: ",name)
3      print("age: ",age)
4      print("college: ",college)
5  student_information("zhangsan",18,"computer science")     #按照位置传递参数
6  student_information("wangwu",college = "computer science",age = 18)   #第一个参数按照
   #位置传递,后面两个按照参数名称传递
```

实例 5.8 中定义了一个函数，该函数有 3 个参数，第 5 行代码函数调用：student_information("zhangsan",18,"computer science")，将这 3 个实参的值依次传递给 name、age、college。第 6 行函数调用 student_information("wangwu",college = "computer science",age＝18)，既有位置参数又有关键字参数，首先位置参数依次传递给对应位置的形参，即"wangwu"传递给 name，然后按照关键字名称传递参数，即将"computer science"传递给 college，将 18 传递给 age。

需要注意的是，位置参数和关键字参数都是针对实参的，在函数定义中，形参还是和原来一样。只不过在函数调用时，如果是位置实参则按照形参的顺序依次传递；如果是关键字参数，则根据关键字名字来传递参数；若既有位置参数又有关键字参数，则在进行函数调用时，按照下面的格式进行参数传递：

```
funcname([位置参数],[关键字参数])
```

注意这个前后顺序是严格的，即仍然位置参数在前，关键字参数在后。

所以 student_information(college = "computer science", age = 18, "wangwu")就会出现下面的错误提示：

```
student_information(college = "computer science", age = 18, "wangwu")
SyntaxError: positional argument follows keyword argument.
```

视频讲解

5.3.3 可变长度参数

到目前为止，我们要定义一个函数时，必须要预先定义这个函数需要多少个参数(或者说可以接收多少个参数)。一般情况下这是没问题的，但是有时无法知道参数个数或者个数不确定，这时可以用带 * 的参数来接收可变数量参数。这个可变的参数称为元组变长参数。

定义变长元组参数的一个格式为：

```
def func_name(formal_args, * args):
    statements
    return expression
```

当定义包含元组变长参数的函数时，普通形参 formal_args 在前，元组变长参数 args 在后。普通形参可以有多个，而元组变长参数只能有一个。

在函数调用时，会将实参依次匹配前面的普通参数 formal_args，之后剩下的所有实参将构成一个元组传递给元组变长参数 args。

【**实例 5.9**】 元组变长参数示例一。

```
1   def func(a, b, * c):
2       print("a: ",a)
3       print("b: ",b)
4       print("c: ",c)
5   func(1,2,3,4,5)
6   func(1,2)
```

函数定义时有 3 个参数 a、b、c，第 5 行函数调用 func(1,2,3,4,5)，形参 a 接收了第一个实参的值 1，形参 b 接收了第二个实参的值 2，剩下的所有实参的值 3、4、5 组成一个元组全部传递给了 c，第 6 行函数调用 func(1,2)，形参 a 和 b 接收传递过来的 1 和 2，没有其他实参，那么形参 c 就是一个空元组。其参数传递如图 5.4 所示。其运行结果如下：

```
a: 1
b: 2
c: (3, 4, 5)
a: 1
b: 2
c: ()
```

图 5.4 可变参数传递示意图

【实例 5.10】 元组变长参数示例二。

```
1   def lessThan(cutoffVal, * vals) :
2       #该函数的功能是将小于参数 cutoffVal 的所有数字返回
3       arr = []
4       for val in vals :
5           if val < cutoffVal:
6               arr.append(val)
7       return arr
8   average = 75
9   ar = lessThan(average,89,34,78,65,52)
10  print("小于",average,"的数字有：",ar)
11  average = 85
12  ar = lessThan(average,90,73,89,76,34,78,88,52)
13  print("小于",average,"的数字有：",ar)
```

运行结果：

```
小于 75 的数字有：[34, 65, 52]
小于 85 的数字有：[73, 76, 34, 78, 52]
```

需要注意的是,函数定义有两个参数 cutoffVal 和 * vals,第 9 行在函数调用 ar =
lessThan(average,89,34,78,65,52)时,首先将 average 传递给 cutoffVal,然后将剩余的参
数 89、34、78、65、52 作为一个元组全部传递给了 vals。

Python 还提供了另外一种变长参数——字典变长参数。字典变长参数的表示形式为在参
数名称前面加两个星号" ** ",函数调用时会将溢出的关键字实参全部接收到字典变长参数中。

```
def func_name(formal_args, ** kwargs):
    statements
    return expression
```

定义包含字典变长参数的函数时,普通形参 formal_args 在前,变长字典参数 kwargs
在后。普通形参可以有多个,而变长字典形参只能有一个。

在函数调用时,会将实参依次匹配前面的普通参数 formal_args,之后剩下的所有的格
式如"关键字＝值"的实参将构成一个字典传递给变长字典参数 kwargs。

【实例 5.11】 变长字典参数示例。在学校新生开学注册时,其姓名和性别是必要的,
其他的比如年龄、省份等一些信息是可选的,此时可以使用字典变长参数,即在函数定义时,
在参数名称前面加上" ** "。

```
1   #学生注册信息
2   def student(name,sex, ** others): #others 前面 ** ,表明它可以接收多余的字典参数
3       dic = {}
4       dic["name"] = name
5       dic["sex"] = sex
6       for k in others.keys():
7           dic[k] = others[k]
```

```
8         return dic
9    students = []
10   st1 = student("zhangsan","Male") # 没有多余的参数,所以此时 others 为空
11   st2 = student("lili","Female",age = 18,province = "jiangsu") #
12   students.append(st1)
13   students.append(st2)
14   for iterm in students:
15       print(iterm)
```

实例 5.11 中定义了一个 student 函数,该函数有 3 个参数:name、sex 和 others,前两个参数为普通参数,最后一个参数 others,因为其前面有 ＊＊,所以它是一个字典变长参数,它将可以接收匹配完 name 和 sex 之后的所有的格式如"关键字＝值"的参数。在第 10 行 st1＝student("zhangsan","Male")中,函数调用时只有两个实参,将"zhangsan"传递给形参 name,将"Male"传递给 sex,那么 others 就什么都没有接收到。在第 11 行 st2＝student("lili","Female",age＝18,province＝"jiangsu")中,函数调用中有 4 个实参,首先"lili"传递给 name,"Female"传递给 sex,剩下的 age＝18,province＝"jiangsu"将其构成一个字典传递给 others。

运行结果:

```
{'name': 'zhangsan', 'sex': 'Male'}
{'name': 'lili', 'sex': 'Female', 'age': 18, 'province': 'jiangsu'}
```

当然在函数定义时可以既包括元组变长参数,也包括字典变长参数,其一般格式如下:

```
def func_name(formal_args, ＊ args, ＊＊ kwargs):
    statements
    return expression
```

formal_args 代表一组普通参数,＊ args 代表一个元组变长参数,＊＊ kwargs 代表一个字典变长参数。需要注意的是,在函数定义的时候,必须是普通参数在前,元组变长参数在后,字典变长参数在元组变长参数的后面。def func_name(formal_args, ＊＊ kwargs, ＊ args)、def func_name(＊ args, formal_args, ＊＊ kwargs)、def func_name(＊ args, ＊＊ kwargs,formal_args)等顺序都是错误的,必须采用普通参数、元组变长参数、字典变长参数这样的顺序来定义函数。

在函数调用的时候,实参会优先匹配普通参数,如果二者个数相同,那么元组变长参数将获得空的元组和字典;如果实参的个数大于传统参数的个数,且匹配完传统参数后多余的参数没有指定名称,那么将以元组的形式存放这些参数,如果指定了名称,则以字典的形式存放这些命名的参数。

【实例 5.12】 元组变长参数和字典变长参数综合示例。

```
1    def exmaple(a, ＊ args, ＊＊ kwargs):
2        print("a: ",a)
3        print("args: ",args)
```

```
4          print("kwargs: ",kwargs)
5    example(1,2,3,4,5,6,7,8,name = 'Python',age = 30,)    #有元组变长参数,也有字典变长
     #参数
6    print("********************")
7    example(4,5,6)                #有元组变长参数,没有字典变长参数
8    print("********************")
9    example(2,name = "Lili")    #有字典变长参数,没有元组变长参数
10   print("********************")
11   example(3)                   #只有普通参数,没有元组变长参数,也没有字典变长参数
```

实例 5.12 定义了一个包含一个普通参数、一个元组变长参数、一个字典变长参数的函数,函数的功能比较简单,将这 3 部分的内容输出。函数调用时参数传递的具体细节如图 5.5 所示。

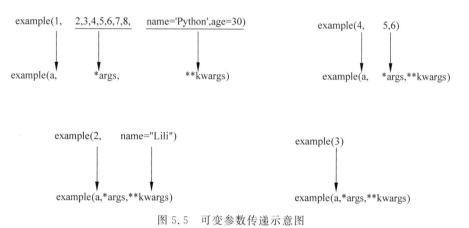

图 5.5　可变参数传递示意图

运行结果:

```
a: 1
args: (2, 3, 4, 5, 6, 7, 8)
kwargs: {'name': 'Python', 'age': 30}
 ********************
a: 4
args: (5, 6)
kwargs: {}
 ********************
a: 2
args: ()
kwargs: {'name': 'Lili'}
 ********************
a: 3
args: ()
kwargs: {}
```

在定义函数时形参的顺序为:普通形参、默认参数、元组变长参数、字典变长参数,例如 def func_name(a,b,c=3, * args, ** kwargs)。

函数调用时实参由位置实参和关键字实参组成,并且位置实参在前,关键字实参在后。实参向形参传递时应遵循以下基本规则:

(1) 与有无默认值无关,位置实参永远按位置传递给 ∗ args 或 ∗∗ kwargs 之前对应的形参。

(2) 多余的位置实参传入 ∗ args。

(3) 关键字实参则匹配剩下的普通形参。

(4) 多余的关键字实参则传入 ∗∗ kwargs。

当没有 ∗ args 时,位置实参不能多于限定位置形参和普通形参的总量;当没有 ∗∗ kwargs 时,关键字参数必须在普通形参和限定关键字形参中存在;除 ∗ args 和 ∗∗ kwargs 外,所有没有默认值的形参都必须匹配到值。同一形参不能被匹配两次。

5.4　lambda 函数

视频讲解

如果有一个函数,在程序中只被调用一次,那么可以使用 lambda 函数,lambda 函数是匿名函数,即函数没有具体的名称,而用 def 创建的方法是有名称的。其语法如下:

lambda [arg1[, arg2, … argN]]: expression

lambda 是匿名函数的关键字,冒号前面是参数,是可选的,如果没有参数,则 lambda 冒号前面就没有。冒号后边是匿名函数的函数表达式,注意表达式只能占用一行。

【实例 5.13】　lambda 函数。

```
1    add = lambda a,b: a + b        ♯将 lambda 函数赋值给一个变量,通过这个变量间接调用该
                                     ♯ lambda 函数
2    print(add(3,4))
3    ♯还可以这样使用:
4    print((lambda a,b: a + b)(3,4))
```

运行结果:

```
7
7
```

"lambda a,b: a+b"这个匿名函数的形参是 a 和 b,表达式 a+b 是函数的返回值。注意,lambda 函数需要定义的同时调用该函数,而不能采用普通函数那样先定义、然后再调用的使用方式。

5.5　变量的作用域

变量的作用域指变量起作用的范围,即能够在多大范围能够访问到它。

【实例 5.14】 变量作用域示例。

```
1   def my_func():
2       a = 10
3       print("a: {}".format(a))
4       print("b: {}".format(b))
5   b = 20
6   my_func()
7   print("b: {}".format(b))
8   print("a: {}".format(a))
```

运行结果：

```
a: 10
b: 20
b: 20
Traceback (most recent call last):
  File "C:/python教材/n5_14.py", line 8, in <module>
    print("a: {}".format(a))
NameError: name 'a' is not defined
```

在实例 5.14 中，myfunc 函数内部定义了一个变量 a，在函数外部定义了一个变量 b。在 myfunc 函数中可以访问函数内部定义的 a，也可以访问在函数外部定义的 b。在函数外部可以访问 b，但是不能访问 myfunc 函数中定义的变量 a。因为 myfunc 中定义的变量 a 称为局部变量，只能在该函数范围内访问，在函数外部定义的变量 b 称为全局变量，在整个文件都是可以访问的。

5.5.1　局部变量

局部变量指在自定义函数内部定义的变量，其作用域为该函数内部。

【实例 5.15】 局部变量示例一。

```
1    def func1(x,y):
2        x1 = x
3        y1 = y
4        print("in func1, x1: {},y1: {},x: {},y: {}".format(x1,y1,x,y))
5    def func2():
6        x1 = 10
7        y1 = 20
8        print("in func2, x1: {},y1: {}".format(x1,y1))
9    func1(2,3)
10   func2()
```

运行结果：

```
in func1, x1: 2,y1: 3,x: 2,y: 3
in func2, x1: 10,y1: 20
```

此例在 func1 中定义了变量 x1 和 y1,它们是局部变量。在 func2 中也定义了 x1 和 y1,它们也是局部变量。在 func1 中访问的 x1 和 y1 是 func1 中定义的 x1 和 y1,在 func2 中访问的 x1 和 y1 是 func2 中定义的 x1 和 y1。由此可见,局部变量的作用域是它所在的函数,即只能在此函数中访问。下面稍微修改一下这个例子。

【实例 5.16】 局部变量示例二。

```
1   def func1(x,y):
2       x1 = x
3       y1 = y
4       print("in func1, x1: {},y1: {},x: {},y: {}".format(x1,y1,x,y))
5       func2()              #在函数 func1 中调用函数 func2
6   def func2():
7       x1 = 10
8       y1 = 20
9       print("in func2, x1: {},y1: {}".format(x1,y1))
10  func1(2,3)
```

在此例中,func1 函数中调用了函数 func2,但是局部变量的作用域并没有改变,即 func1 中定义的局部变量 x1 和 y1 的作用域仍然在 func1 中,在 func2 中访问的 x1 和 y1 是 func2 中定义的局部变量 x1 和 y1。其运行结果如下:

```
in func1, x1: 2,y1: 3,x: 2,y: 3
in func2, x1: 10,y1: 20
```

5.5.2 全局变量

视频讲解

全局变量指的是在函数外部定义的变量,其作用域是整个程序,即在该程序中的所有函数都可以访问全局变量。

【实例 5.17】 全局变量示例。

```
1   z = 100              #全局变量
2   def func1(x,y):
3       x1 = x
4       y1 = y
5       print("in func1, x1: {},y1: {},x: {},y: {},z: {}".format(x1,y1,x,y,z))
6   def func2():
7       x1 = 10
8       y1 = 20
9       print("in func2, x1: {},y1: {},z: {}".format(x1,y1,z))
10  func1(2,3)
11  func2()
12  print("z: {}".format(z))
```

此例中,函数外部定义了一个全局变量 z,在函数 func1 和 func2 中都可以访问此变量。

运行结果：

```
in func1, x1: 2,y1: 3,x: 2,y: 3,z: 100
in func2, x1: 10,y1: 20,z: 100
z: 100
```

【实例 5.18】 局部变量与全局变量同名示例。

```
1    z = 100                    #全局变量
2    def func1(x,y):
3        x1 = x
4        y1 = y
5        z = 50                 #同名局部变量
6        print("in func1, x1: {},y1: {},x: {},y: {},z: {}".format(x1,y1,x,y,z))
7    def func2():
8        x1 = 10
9        y1 = 20
10       print("in func2, x1: {},y1: {},z: {}".format(x1,y1,z))
11   func1(2,3)
12   func2()
13   print("z: {}".format(z))
```

运行结果：

```
in func1, x1: 2,y1: 3,x: 2,y: 3,z: 50
in func2, x1: 10,y1: 20,z: 100
z: 100
```

实例 5.18 中，在函数外部定义了一个全局变量 z，在 func1 中也定义了一个变量 z，这里的 z 是在函数内部定义的，是一个局部变量，那么在 func1 中访问 z 实际上访问的是局部变量 z。

全局变量是在整个文件中声明，全局范围内都可以访问。局部变量是在某个函数中声明的，只能在该函数中访问使用它，如果试图在超出范围的地方访问，程序就会出错。如果在函数内部定义与某个全局变量一样名称的局部变量，那么在该函数内部访问这个名称时，访问的是局部变量。无论在函数内怎样改动这个变量的值，只有在函数内生效，对全局来说是没有任何影响的。这也可以侧面说明函数内定义的局部变量优先级高于全局变量。

5.5.3 global 关键字

如果需要在函数体内修改全局变量的值，就要使用 global 关键字，使用 global 关键字就是告诉 Python 编译器这个变量不是局部变量而是全局变量。

【实例 5.19】 global 关键字示例。

```
1    num1 = 6
2    def fun1():
3        num1 = 2
```

视频讲解

```
4          print("函数内修改后 num1 = ",num1)
5    print("运行 func1 函数前 num1 = ",num1)
6    fun1()
7    print("运行 func1 函数后 num1 = ",num1)
```

运行结果：

```
运行 func1 函数前 num1 = 6
函数内修改后 num1 = 2
运行 func1 函数后 num1 = 6
```

实例 5.19 中声明了一个全局变量 num1＝6，第 3 行代码在函数 func1 内部修改变量 num1 的值，调用函数 func1 后第 7 行代码输出 num1 的值，发现在函数外部 num1 的值并没有发生改变。这是因为函数内部的 num1 是一个局部变量，对局部变量的任何修改都不会影响同名的全局变量。如果想要在函数内部修改全局变量的值，可以用关键字 global 进行声明。下面修改这个程序。

【**实例 5.20**】 global 声明全局变量示例二。

```
1    num1 = 6 # 全局变量
2    def fun1():
3         global num1            # 用 global 声明变量 num1，意味着在此函数内部访问到的 num1 是
                                  # 全局变量
4         num1 = 2
5         print("func1 函数内修改后 num1 = ",num1)
6    print("运行 func1 函数前 num1 = ",num1)
7    fun1()
8    print("运行 func1 函数后 num1 = ",num1)
```

实例 5.20 的 func1 中使用 global 声明 num1，那么在该函数内部访问的 num1 就是全局变量 num1，所以对它的修改也就是对全局变量的修改。

运行结果：

```
运行 func1 函数前 num1 = 6
func1 函数内修改后 num1 = 2
运行 func1 函数后 num1 = 2
```

【**实例 5.21**】 全局变量的错误示例。

```
1    gcount = 10            # 全局变量
2    def global_test():
3         gcount * = 2      # 试图访问全局变量
4         print (gcount)
5    print("在运行函数之前 gcount",gcount)
6    global_test()
7    print("在运行函数之后 gcount",gcount)
```

实例 5.21 是一个错误示例,因为在函数 global_test 中,第 3 行 gcount＝ * 2 试图直接访问全局变量并进行运算,此时会提示错误"UnboundLocalError：local variable 'gcount' referenced before assignment"。所以,如果想要访问全局变量,可在函数内部用关键字 global 声明一下。读者可以自行修改这段代码,使之能够正确运行。

5.6　递归函数

递归,是一种可以根据其自身来定义问题的编程技术,递归通过将问题逐步分解为与原始问题类似但规模更小的子问题来解决,即将一个复杂问题简化并最终转化为简单问题,而简单问题的逐一解决,就反过来解决了整个问题。

考虑阶乘这个例子。n!＝n * (n−1) * (n−2)… * 2 * 1。还可以改写为:

$$n!=\begin{cases}1, & n=1 \\ n*(n-1)!, & n>1\end{cases}$$

【实例 5.22】　下面采用递归函数的形式实现阶乘的计算。

```
1   def fac(n):
2       if n == 1:
3           return 1
4       else:
5           return n * fac(n−1)
6   m = 4
7   print(m,"!= ",fac(m))
```

运行结果:

```
4 != 24
```

构成递归需具备以下两个条件:

(1) 子问题须与原始问题为同样的问题,且更为简单。例如,n 的阶乘可以转化为求 n−1 的阶乘。

(2) 不能无限制的调用本身,必须有个出口,化简为非递归状况处理。例如,当 n=1 时,n 的阶乘等于 1。

使用递归具有以下优点:递归函数使代码可读且易于理解;递归函数可以将复杂函数修改为更简单的函数。

但递归也有它的劣势,因为它要进行多层函数调用,会消耗较大的堆栈空间和函数调用时间。Python 在调用深度达到 1000 后会停止函数调用。运行 print(fac(1000))则会出现以下错误提示:

```
RecursionError: maximum recursion depth exceeded in comparison
```

【**实例 5.23**】 利用递归实现文件目录的显示。

```python
import os
def print_files(path):
    lsdir = os.listdir(path)
    dirs = [i for i in lsdir if os.path.isdir(os.path.join(path, i))]
    if dirs:
        for i in dirs:
            print_files(os.path.join(path, i))
    files = [i for i in lsdir if os.path.isfile(os.path.join(path, i))]
    for f in files:
        print (os.path.join(path, f))
path = "C:\\Python教材"
print_files(path)
```

上面的例子中使用到了 os 库,所以需要导入该库: import os。

os.listdir(path)的功能是列出参数 path 所指定的目录下所有文件,返回值是一个 list,将其下的所有文件和子目录的名字以字符串的形式放入一个列表中。

os.path.isdir(path)判断参数指定的是否是目录。

os.path.isfile(path)判断是否是文件。

os.path.join(path1,path2)用于连接路径 path1 和路径 path2。

5.7 综 合 例 子

【**实例 5.24**】 蒙特卡洛方法计算 π。其基本思想是:边长为 1 的正方形内有一内切圆,随机扔一点在圆内的概率为 π/4。让系统随机生成 N 个横坐标和纵坐标都小于 1 的点,如果该点距离圆心的距离小于 1,那么说明该点落在了圆内。统计落入圆内点的个数为 hits,那么 pi=(hits * 4)/(N * N)。

```python
from random import random
def calPI(N = 100):
    hits = 0
    for i in range(1, N * N + 1):
        x, y = random(), random()            #随机生成一个坐标
        dist = pow(x ** 2 + y ** 2, 0.5)     #计算该坐标距离圆心的距离
        if dist <= 1.0:                      #说明该点落在了圆内
            hits += 1
    pi = (hits * 4) / (N * N)
    return pi
m = 10
for i in range(0,4):     #比较在有 10 个点、100 个点、100 个点、1000 个点情况下 pi 的值
    n = m * pow(10, i)
    PI = calPI(n)
    print("{} points PI: {}".format(n,PI))
```

运行结果：

```
10 points PI: 3.12
100 points PI: 3.1424
1000 points PI: 3.144944
10000 points PI: 3.14190524
```

【实例 5.25】 小学生计算器。利用函数实现能够求 100 以内的加减法、10 以内的乘除法。

```
1   import random
2   def compute():
3       op = random.choice('+- * /')
4       if op == ' * ':
5           op1 = random.randint(0, 10)
6           op2 = random.randint(0, 10)
7           result = op1 * op2
8       elif op == '/':
9           op2 = random.randint(0, 10)
10          m = random.randint(0, 10)
11          op1 = op2 * m
12          result = op1 / op2
13      else:
14          op1 = random.randint(0, 100)
15          op2 = random.randint(0, 100)
16          result = op1 + op2
17          if op == ' - ':
18              if op1 < op2:
19                  op1, op2 = op2, op1
20              result = op1 - op2
21      print(op1, op, op2, ' = ', end = '')
22      return result
23  count = 10
24  for i in range(10):
25      answer = compute()
26      yAnswer = int(input())
27      if yAnswer == answer:
28          count = count + 10
29  print("your score is : ", count)
```

【实例 5.26】 利用函数实现将 2~20 的所有素数输出。

```
1   import math
2   def prime(m):       # 判断 m 是否是素数,如果是返回 1,不是返回 0
3       i = 2
4       while (i <= math.sqrt(m)):
5           if m % i == 0:
6               return 0
7           i = i + 1
```

```
8           return 1
9    print("2~20 的素数有：")
10   for m in range(2,20):
11       if(prime(m) == 1):
12           print(m," ",end = '')
```

运行结果：

```
2~20 的素数有：
2  3  5  7  11  13  17  19
```

【实例 5.27】 如果一个 3 位数等于其各位数字的立方和,则称这个数为水仙花数。例如, $153 = 1^3 + 5^3 + 3^3$,因此 153 就是一个水仙花数。利用函数求 1000 以内的水仙花数(3 位数)。

```
1    def Narcissistic(i):
2        a = i//100
3        b = (i-a*100)//10
4        c = (i-a*100-b*10)
5        if i == pow(a,3) + pow(b,3) + pow(c,3):
6            return 1
7        else:
8            return 0
9    print("3 位数的水仙花数有：")
10   for i in range(100,1000):
11       if Narcissistic(i) == 1:
12           print(i)
```

运行结果：

```
3 位数的水仙花数有：
153
370
371
407
```

【实例 5.28】 猜数字。

本案例的任务：系统随机生成一个 1~100 的整数,然后让用户猜测该数字,如果用户猜的数据比答案大,则提示太大了；如果小,则提示太小了；正确则输出用户猜测正确。

案例分析：根据案例需要实现的功能,可以将任务分解为两个子任务：产生数字和用户猜数字,并用两个函数实现。

代码如下：

```
1    import random
2    def main():
3        #1.系统生成一个随机数并放到 number 中
4        number = newNumber()
```

```
5       #2.让用户猜测 number 的值到底是几
6           guessNumber(number)
7    def newNumber():
8        number = random.randint(1,101)
9        return number
10   def guessNumber(number):
11       yAnswer = int(input("enter a integer between 0 - 100: "))
12       if (yAnswer > number):
13           print("too big")
14       elif yAnswer < number:
15           print("too small")
16       else:
17           print("right")
18   if __name__ == '__main__':
19       main()
```

这里定义了两个函数 newNumber() 和 guessNumber(), 其中 newNumber() 函数的主要功能是产生一个 1~100 的随机整数, 并将该数字返回。guessNumber() 函数的功能是让用户输入一个整数, 比较用户输入的数字和参数的大小, 并输出相应的提示信息。在主函数 main 中依次调用这两个函数。另外大家可能会注意到, 这里用到了 main 函数, 关于 main 函数大家可以查找相关资料进行了解。

上面的程序只给了用户一次机会, 现在考虑给用户 10 次机会, 因此程序中增加了一个函数 guessTime(), 该函数用一个循环来调用 guessNumber() 函数, 循环次数为 10。程序代码如下:

```
1    import random
2    def main():
3        #1.系统生成一个随机数并放到 number 中
4        number = newNumber()
5        #2.让用户猜测 number 的值到底是几
6        guessTime(number)
7    def newNumber():
8        number = random.randint(1,101)
9        return number
10   def guessNumber(number):
11       yAnswer = int(input("enter a integer between 0 - 100: "))
12       if yAnswer > number:
13           print("too big")
14       elif yAnswer < number:
15           print("too small")
16       else:
17           print("right")
18   def guessTime(number):
19       for i in range(10):
20           guessNumber(number)
21   if __name__ == '__main__':
22       main()
```

在这个程序中,我们又增加了一个函数 guessTime()。该函数的功能是允许用户猜测 10 次。但是运行程序会发现即使猜对了,程序仍然让用户继续猜测,所以还需要对程序继续修改,实现当用户猜测正确的时候,跳出循环。改进的关键在于 guessNumber()函数,因为我们的基本思路是当猜测正确的时候能够退出循环,如果 guessNumber()函数中对于猜对猜错仅仅给出提示信息,不返回任何值给调用它的函数 guessTime(),就无法控制退出循环,因此应考虑修改 guessNumber()函数,如果猜对,除了输出提示信息外,还返回 1;如果猜错,提示太大或者太小,并且返回 0。这样可以在 guessTime()中根据 guessNumber()的返回值来判断是否退出循环。因此程序修改如下:

```
1   import random
2   def main():
3       #1.系统生成一个随机数并放到 number 中
4       number = newNumber()
5       #2.给用户多次机会,机会次数存储到 times 变量中.让用户猜测数字
6       times = 10
7       guessTime(number,times)
8   def newNumber():
9       number = random.randint(1,101)
10      return number
11  def guessNumber(number):
12      yAnswer = int(input("enter a integer between 0 - 100: "))
13      if yAnswer > number:
14          print("too big")
15          return 0
16      elif yAnswer < number:
17          print("too small")
18          return 0
19      else:
20          print("right")
21          return 1
22  def guessTime(number,times):
23      for i in range(times):
24          if(guessNumber(number) == 1):
25              print("你一共猜了",i + 1,"次")
26              break
27      if(i > times):
28          print("sorry,你没有猜对,正确答案是",number)
29  if __name__ == '__main__':
30      main()
```

从上面的案例可以看出,为了实现猜数字的任务,我们将主任务分解为 3 个子任务:产生随机数函数,判断猜测的数字是否正确的函数;让用户猜测多次的函数。这 3 个函数相互依赖,首先产生随机数 newNumber,这个函数是后面猜数字的基础,因为必须先有猜测的对象才能让用户猜测。接着是 guessNumber()让用户输入自己的猜测并判断是否正确,而我们的目标是让用户猜测多次,因此又建立了一个函数 guessTime(number,times),该函数调用 times 次 guessNumber(),从而实现让用户最多可以猜测 times 次,如果猜对则退出循环。

5.8 垃圾分类——共创美好家园

5.8.1 案例背景

随着人们生活水平的不断提高,对美好生活的向往也越发迫切,这不仅仅意味着物质上的富足,也包括优美宜居的生态环境和绿色文明的生活方式。但是随着经济的发展和消费水平大幅提高,我国垃圾产生量迅速增长,不仅造成资源浪费,也使环境隐患日益突出,成为经济社会持续健康发展的制约因素、人民群众反映强烈的突出问题。

垃圾分类关系着人民群众的生活环境,关系着人民群众的身体健康,关系着生态资源的节约,实现可持续发展。遵循减量化、资源化、无害化原则,实施垃圾分类处理,引导人们形成绿色发展方式和生活方式,可以有效改善城乡环境,促进资源回收利用,也有利于国民素质提升、社会文明进步。

"实行垃圾分类,关系广大人民群众生活环境,关系节约使用资源,也是社会文明水平的一个重要体现。"习近平总书记对垃圾分类工作做出重要指示,深刻指出垃圾分类的重要意义,明确提出推行垃圾分类的具体要求,为我们进一步做好垃圾分类工作指明了方向,对于动员全社会共同为推动绿色发展、建设美丽中国贡献智慧和力量,具有十分重要的意义。

垃圾分类不是易事,需要加强科学管理、形成长效机制、推动习惯养成。这几年,垃圾分类的顶层设计不断完善、推进力度持续加强,由点到面、逐步推开,成效初显。从 2020 年开始,全国地级及以上城市全面启动生活垃圾分类工作,垃圾分类取得积极进展。但也要看到,总体上,我国垃圾分类覆盖范围还很有限,垃圾分类收运和处置设施依然存在短板,群众对垃圾分类的思想认识仍有不足。进一步做好垃圾分类工作,就要按照习近平总书记的重要指示,加强引导、因地制宜、持续推进,把工作做细做实,持之以恒抓下去。

中国的生活垃圾分类回收还处于起步阶段,生活垃圾一般可分为四大类:可回收垃圾、厨余垃圾、有害垃圾和其他垃圾。目前存在着分类不细,缺乏相关的法律法规监督等问题,因此我们通过生活垃圾分类回收实现资源的再利用和可持续发展还有很长的路要走。

"不积跬步,无以至千里。"推动形成绿色发展方式和生活方式,是发展观的一场深刻革命。大家携起手来,共同把"垃圾分类"的事情办实做好,就能让良好生态环境成为人民幸福生活的增长点、成为经济社会持续健康发展的支撑点、成为展现我国良好形象的发力点,让中华大地天更蓝、山更绿、水更清、环境更优美。

5.8.2 案例任务

生活垃圾一般可分为四大类:可回收垃圾、厨余垃圾、有害垃圾和其他垃圾,对应 4 个不同颜色的垃圾桶。本案例的任务是根据用户所要丢弃的垃圾,告诉用户这是什么类型的垃圾,需要放入到哪个颜色的垃圾桶。

5.8.3 案例分析与实现

分析:因为有 4 种类型的垃圾,所以可以定义 3 个全局列表变量,用来存储可回收垃圾、厨余垃圾、有害垃圾,其他不在这 3 个列表中的就都属于其他垃圾。根据用户输入的垃圾判断属于哪一类,然后执行对应的操作。

参考代码如下:

```
1   #垃圾分类
2   waste_recycle = ["paper","glasses","bottle","plastic"]          #可回收垃圾
3   waste_kitchen = ["peel","vegetable", "leftover", "flower"]      #厨余垃圾
4   waste_harmful = ["battery","light tube","daily chemical"]       #有害垃圾
5   def handle_harmful():
6       print("This is harmful waste and please put it into the red trash can ")
7   def handle_kitchen():
8       print("This is kitchen waste and please put it into the green trash can ")
9   def handle_recycle():
10      print("This is recycle waste and please put it into the blue trash can ")
11  def handle_others():
12      print("This is other waste and please put it into the yellow trash can ")
13  def do_with_waste(waste):
14      if waste in waste_harmful:
15          handle_harmful()
16      elif waste in waste_kitchen:
17          handle_kitchen()
18      elif waste in waste_recycle:
19          handle_recycle()
20      else:
21          handle_others()
22  waste = input("enter waste name:")
23  do_with_waste(waste)
```

5.8.4 总结和启示

随着互联网、人工智能、大数据等技术飞速发展,科技在我们日常生活中的作用越来越大。如何将其应用到垃圾分类中是我们重点研究的问题。在垃圾收集环节,基于人工智能的垃圾分类主要出现了监督分类型智能垃圾桶和自动分类垃圾桶。监督分类型智能垃圾桶通过机器视觉判断垃圾分类正确性,用人脸识别等功能将居民信用与垃圾分类行为挂钩,以此督促居民正确投放。自动分类垃圾桶则是用户只需投入垃圾,由智能垃圾桶通过传感器、摄像头、AI图像识别算法来自动进行垃圾分类,然后通过垃圾桶内部特殊的机械结构将垃圾传输到不同的垃圾桶。

本案例只是垃圾分类的一个简单示例,大家可以结合人工智能领域中的机器视觉来实现基于图像的垃圾分类功能。

5.9 本章小结

本章主要介绍函数的定义和调用、函数的参数、变量的作用域、lambda 函数、递归函数。其中函数的参数是本章的难点之一,包括形参和实参、参数之间的传递、默认参数、可变长参数以及关键字参数。通过具体的实例讲解,使得读者对其中的概念有了更为直观和深刻的理解。最后通过几个综合例子锻炼读者的综合编程能力。

5.10 巩 固 训 练

【训练 5.1】 给定一个正整数,编写程序计算有多少对质数的和等于输入的这个正整数,并输出结果。输入值小于 1000。

【训练 5.2】 编写函数 change(str),其功能是对参数 str 进行大小写互换,即将字符串中的大写字母转为小写字母、小写字母转换为大写字母。

【训练 5.3】 编写函数 digit(num,k),其功能是求整数 num 的第 k 位的值。

【训练 5.4】 编写递归函数 fibo(n),其功能是求第 n 个斐波那契数列的值,进而实现将前 20 个斐波那契数列输出。

【训练 5.5】 编写一个函数 cacluate,可以接收任意多个数,返回的是一个元组。元组的第一个值为所有参数的平均值,第二个值是小于平均值的个数。

【训练 5.6】 模拟轮盘抽奖游戏。轮盘分为 3 部分:一等奖、二等奖和三等奖;轮盘转的时候是随机的,如果范围为[0,0.08),代表一等奖;如果范围为[0.08,0.3),代表二等奖;如果范围为[0.3,1.0),代表三等奖。

【训练 5.7】 有一段英文:What is a function in Python? In Python, function is a group of related statements that perform a specific task. Functions help break our program into smaller and modular chunks. As our program grows larger and larger, functions make it more organized and manageable. Furthermore, it avoids repetition and makes code reusable. A function definition consists of following components. Keyword def marks the start of function header. A function name to uniquely identify it. Function naming follows the same rules of writing identifiers in Python. Parameters (arguments) through which we pass values to a function. They are optional. A colon (:) to mark the end of function header. Optional documentation string (docstring) to describe what the function does. One or more valid Python statements that make up the function body. Statements must have same indentation level (usually 4 spaces). An optional return statement to return a value from the function.

任务:

(1) 请统计该段英文有多少个单词,每个单词出现的次数。

(2) 如果不算 of、a、the 这 3 个单词,给出出现频率最高的 10 个单词,并给出它们出现的次数。

【训练 5.8】 磅(lb)和千克(kg)的转换。利用函数实现磅和千克的转换。用户可以输入千克,也可以输入磅,函数将根据用户的输入转换成磅或者千克。

【训练 5.9】 一个数如果恰好等于它的真因子(即除了自身以外的约数)之和,这个数就称为"完数"。例如,6=1+2+3。编程找出 1000 以内的所有完数。

【训练 5.10】 利用递归函数调用方式,将用户所输入的字符串以相反的顺序输出。

第6章　面向对象程序设计

能力目标

【应知】　理解面向对象程序设计的概念和特点；理解面向对象中封装、继承和多态的概念。

【应会】　掌握类的定义和对象的创建方法；掌握类成员的可访问范围；掌握各种属性的初始化、访问和动态添加及删除；掌握类的各种方法定义、调用和动态添加及删除；掌握运算符重载的方法；掌握派生类的定义；掌握调用基类的方法；掌握 Python 多态性的实现。

【难点】　编写有一定综合性的面向对象程序。

知识导图

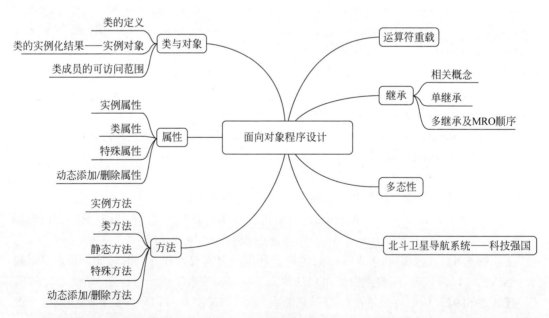

前面我们学习的编程方式称作面向过程程序设计。面向过程程序设计也称为结构化程序设计。其基本思想是"自顶向下、逐步求精"，把复杂的大问题分解为多个简单的小问题的组合。整个程序按功能划分为多个基本模块，各个模块主要是用函数实现的。因此，面向过程程序设计要考虑的就是如何将整个程序分成一个个函数，函数之间如何调用以及每个函数如何实现。

虽然结构化程序设计有很多优点,但是,在程序规模变大时,会变得难以理解和维护,也不利于代码的重用,难以扩充,难以查错,难以重用。因此,面向对象程序设计就应运而生了。

面向对象程序设计(Object Oriented Programming,OOP)尽可能地模拟现实世界。现实世界是由各种不同事物组成的,一切事物皆为对象。面向对象程序设计就是要分析待解决的问题中有哪些对象,每一类的对象有哪些特点,不同类的对象之间有什么关系,互相之间有什么作用。

物以"类"聚,将同一类对象的共同特征归纳、集中起来,这个过程就叫做"抽象"。例如,若干个不同半径的圆就是若干个对象,这些对象具有相同的静态特征(属性),如半径;有相同的动态特征(方法),如移动、求面积、求周长等。

"抽象"完成后,就需要利用某种语法,将同一类对象的属性和方法绑定在一起,形成一个整体,即"类",这个过程叫做"封装"。

如果软件开发过程中已经建立一个类 A,又想建立一个类 B,类 B 的内容比类 A 多一些属性和方法,那么此时可以现有的类 A 为基础,使得类 B 从现有的类 A"派生"而来,类 B 同时也"继承"了类 A 原有的内容,从而达到了代码重用和代码扩充的目的。这就是面向对象程序设计的"继承"机制。

圆对象、三角形对象、正方形对象都可以求其面积,但是求面积的方式却不相同。这种不同种类的对象具有名称相同的行为,而实现方式不同的情况,叫做"多态"。

面向对象程序设计有抽象、封装、继承、多态 4 个基本特点。设计面向对象程序的过程主要是设计类的过程,关键是如何合理地定义和组织类以及类之间的关系。

Python 语言采用面向对象程序设计的思想,全面支持面向对象程序设计的四大特征。后面将通过具体的代码来学习如何用 Python 来实现面向对象程序设计。

6.1 类 与 对 象

视频讲解

【实例 6.1】 编写程序,输入圆的半径,输出圆的面积和周长。

首先,分析待解决问题中的"对象"有哪些。很明显,只有"圆"这个对象。然后,进行"抽象",抽象出"圆"这类对象的共同特征。所有的圆都有半径,需要一个数据成员表示;可以对圆进行计算面积和周长,这两种行为可以各用一个方法来实现;如果想统计圆的个数,可以用一个类变量来表示;计算圆的面积时,要用到 π 的值,也可以用一个类变量来表示。

"抽象"完成后,就可以用 Python 语言的类定义方法,设计出一个"圆"类,将圆的属性和方法"封装"在一起。

6.1.1 类 的 定 义

在 Python 语言中,类的定义形式如下:

```
class 类名[(object)]:
    类体
```

Python 的类定义由类头[指 class 和类名(object)]和统一缩进的类体构成。object 是所有类的父类,可以省略。

类名是一个符合 Python 标识符命名规则的合法的标识符即可,最好满足"见名知意"的原则,以便增强程序的可读性。类名的首字母一般要大写。

在类体中,主要是变量和方法的定义。类中的变量分为类变量(也称为类属性)和实例变量(也称为实例属性)。在任何方法之外定义的变量是类变量,实例变量一般在实例方法中定义。类变量是该类的所有对象共享的变量,实例变量则属于特定的实例(对象)。

类中的方法分为实例方法、类方法和静态方法。

类中各成员的定义顺序没有任何影响,各成员之间可以根据需要相互调用。

如果不在类中定义任何类变量和方法,这个类就是一个空类。空类主要起到"占位"作用。

空类定义格式如下:

```
class 类名:
    pass
```

此时,可以编写出如下实现实例 6.1 中圆类的代码。

```
1   # Circle类的定义
2   class Circle:
3   # 类变量  所有的圆对象共享该值
4       PI = 3.14
5       # 其中__init__方法是一个特殊的方法:构造方法
6       # 当创建对象时,系统自动调用__init__方法,它没有返回值
7       # 一般都在构造方法中初始化实例属性
8       def __init__(self,r):
9           self.__radius = r
10      # area、perimeter是普通的实例方法,是圆类对外的接口
11      # 通过对象名.方法名(参数列表)来调用
12      def area(self):
13          return Circle.PI * self.__radius ** 2
14      def perimeter(self):
15          return 2 * Circle.PI * self.__radius
```

如果直接运行上面的代码,是看不到任何运行结果的,还需要创建类的对象,才能使用类定义的功能。

6.1.2 类的实例化结果——实例对象

在 Python 中,一切皆对象。类也是一个对象,称为类对象。定义好一个类(类对象)之后,必须将类实例化——创建类的实例对象,才可以使用实例对象的属性和方法。

定义实例对象的基本格式如下:

对象名 = 类名(参数列表)

创建好实例对象之后,可以通过圆点运算符"."来访问实例对象的属性和方法。

一般格式如下:

对象名.方法名(参数列表)
对象名.属性名

实例 6.1 的源代码。

```
1    #Circle 类的定义
2    class Circle:
3        PI = 3.14                #类变量    所有的圆对象共享该值
4        #其中__init__方法是一个特殊的方法：构造方法
5        #当初始化当前对象实例时，系统自动调用__init__方法，没有返回值
6        def __init__(self, r):
7            self.__radius = r #一般都在构造方法中初始化实例对象
8        #area、perimeter 是普通的实例方法，是圆类对外的接口
9        #通过对象名.方法名(参数列表)来调用
10       def area(self):
11           return Circle.PI * self.__radius ** 2
12       def perimeter(self):
13           return 2 * Circle.PI * self.__radius
14
15   #下面是测试代码
16   r1 = eval(input("请输入圆的半径："))
17   c1 = Circle(r1)
18   print(c1.area())
19   print(c1.perimeter())
```

运行结果：

```
请输入圆的半径：1
3.14
6.28
```

程序分析：

第 2 行到第 13 行定义了一个类，Circle 是自定义的类名。

第 3 行在 Circle 类中定义了一个类变量 PI，所有的圆对象都共享这个变量的值。

第 6 行到第 7 行定义了函数__init__()，它是构造函数。它的第一个参数是 self，代表对象本身。这个参数的名字可以不是 self，可以是其他符合标识符命名规则的名字。不过，习惯上命名为 self。self 参数类似于 C++语言中的 this 指针。__init__()函数中定义了一个私有实例属性__radius，在类的实例方法中访问实例属性，必须采用"self.实例属性名"的方式。

第 10 行到第 11 行定义了实例方法 area()，第 12 行到第 13 行定义了实例方法 perimeter()。Python 类的实例化方法的第一个参数必须是 self。

第 11 行和第 13 行中调用了类变量 PI，方式为 Circle.PI，即"类名.类变量名"。

第 17 行创建了一个 Circle 类的对象 c1，第 18 行输出了 c1 对象的面积，第 19 行输出了c1 对象的周长。

接下来，假如在第 19 行代码下面添加下面的一行代码，那么，能否正确执行呢？

```
print(c1.__radius)
```

答案是不能的。会出现如下的错误提示：

`AttributeError: 'Circle' object has no attribute '__radius'`

这是为什么呢？这就涉及类中成员的可访问范围问题。

6.1.3 类成员的可访问范围

Python 依靠属性名和方法名来区分成员的可访问范围。具体规定如下：

（1）__XXX——私有成员，以双下画线开头，但是不以双下画线结束的成员。私有成员只能在类体内直接访问。

（其实，Python 中的私有是伪私有，可以在类外通过"对象名._类名__私有属性名"或者"对象名._类名__私有方法名()"的形式进行访问，不建议这样使用。）

（2）_XXX——保护成员——以一个下画线开头。在 Python 中，保护成员可以在类体外通过本类对象名或子类对象名. 保护成员名直接访问。但是，保护成员不能用"from module import *"导入。

（3）__XXX__——特殊成员，以双下画线开头和结尾。这是 Python 中专用的标识符，如__init__()是构造函数。在给类中的成员命名时，应该避免使用这一类名称，以免发生冲突。

（4）公有成员——其他形式名称的成员，都是公有成员。公有成员在类体内和类体外都可以直接访问。

6.2 属 性

【实例 6.2】 现在养狗的人越来越多。狗的主人都会给自己的狗起一个名字，每条狗都有年龄，每条狗都会跑，会叫。设计一个狗类，完成对狗的抽象和封装。

分析：狗类可以命名为 Dog；狗的名字、年龄属于每一条狗所有，分别用 name 和 age 表示；在构造函数__init__()中完成对 name 和 age 的初始化；用方法 run()、bark()模拟狗的跑、叫。

源代码：

```
1   # 类 Dog
2   class Dog:
3       def __init__(self, name, age):
4           self.__name = name        # 私有成员 name 的初始化
5           self.__age = age          # 私有成员 age 的初始化
6       def run(self):
7           print(self.__name + " is running")
8           print("It is " + str(self.__age) + "years old")
9       def bark(self):
10          print(self.__name + " is barking: 汪汪,汪汪…")
11
12  # 测试代码
```

```
13    dog1 = Dog("黄豆", 4)      #创建一个对象 dog1
14    dog1.run()                #在类外调用公有成员方法 run
15    dog1.bark()               #在类外调用公有成员方法 bark
```

运行结果：

```
黄豆 is running
It is 4 years old
黄豆 is barking: 汪汪,汪汪…
```

6.2.1　实例属性

视频讲解

实例属性是某个具体的对象实例特有的属性。例如,每条狗的 name 和 age 只属于每一条狗自己所有,name 和 age 就是实例属性。

实例属性一般在__init__构造函数中进行定义并初始化。一般形式如下：

self.实例属性名 = 初始值

在类的内部,其他实例方法访问实例属性,必须通过"self.实例属性名"的形式进行访问。

在类的外部,可以通过"对象名.公有实例属性名"的形式直接访问公有实例属性,但是不能以"对象名.私有实例属性名"的形式直接访问私有实例属性。

在实例 6.2 的源代码中,实例属性名__name 和__age 以两个下画线开头,但不以两个下画线结尾,它们是私有属性成员。

类中的私有属性只能在类体内访问,不能在类外直接访问,实现了类的封装性。那么怎么在类外访问私有属性呢?

1. @property 装饰器

视频讲解

Python 内置的@property 装饰器负责把一个方法变成属性,在类外方便调用。

【实例 6.2(1)】　利用@property 装饰器实现对 Dog 类中私有属性的访问。

源代码：

```
1     #类 Dog
2     class Dog:
3         def __init__(self,name,age):
4             self.__name = name              #私有成员 name 的初始化
5             self.__age = age                #私有成员 age 的初始化
6         def run(self):
7             print(self.__name + " is running")
8             print("It is " + str(self.__age) + "years old")
9         def bark(self):
10            print(self.__name + " is barking: 汪汪,汪汪…")
11        @property            #下面的 name 方法是一个 getter 方法,用@property 装饰
12        def name(self):
13            return self.__name
```

139

第
6
章

面向对象程序设计

```
14          #下面的 name 方法是 setter 方法,用@name.setter 装饰
15          @name.setter
16          def name(self, name):
17              self.__name = name
18          #下面的 name 方法是 deleter 方法,用@name.deleter 装饰,用来删除属性 name
19          @name.deleter
20          def name(self):
21              del self.__name
22          @property   #下面的 age 方法是一个 getter 方法,用@property 装饰
23          def age(self):
24              return self.__age
25          @age.setter   #下面的 age 方法是一个 setter 方法,用@age.setter 装饰
26          def age(self,age):
27              self.__age = age
28          @age.deleter
29          #下面的 age 方法是 deleter 方法,用@age.deleter 装饰,用来删除属性 age
30          def age(self):
31              del self.__age
32      #测试代码
33      #现在,就可以在类体外通过对象名.属性名来访问 name,age
34      dog1 = Dog("黄豆",4)                    #创建一个对象 dog1
35      dog1.run()                              #在类外调用公有成员方法 run
36      print(dog1.name + " " + str(dog1.age))  #调用 getter 方法
37      dog1.name = "花花"                       #修改 dog1 的 name,调用 setter 方法
38      dog1.age = 2                            #修改 dog1 的 age,调用 setter 方法
39      dog1.run()
40      print(dog1.__dict__)                    #输出 dog1 的属性
41      del dog1.age                            #删除 dog1 的 age 属性,调用 deleter 方法
42      print(dog1.__dict__)                    #输出 dog1 的属性
```

运行结果:

```
黄豆 is running
It is 4 years old
黄豆 4
花花 is running
It is 2 years old
{'_Dog__name': '花花', '_Dog__age': 2}
{'_Dog__name': '花花'}
```

程序分析:

第 11 行~第 21 行代码和第 22 行~第 31 行代码分别将 Dog 类中的实例属性 name 和 age 设置为可读、可写、可删除。同一属性的 3 个方法名要相同,只是方法体根据功能的需要而不同。如果打算将某个属性仅仅设为只读或者只写或者可删除,那就为该属性定义一个相应的方法即可。

2. property 函数

property 是一个内置函数,用于创建和返回一个 property 对象。property 函数原型为:

视频讲解

property(fget = None, fset = None, fdel = None, doc = None)

fget 是一个获取属性值的函数,fset 是一个设置属性值的函数,fdel 是一个删除属性的函数,doc 是一个字符串(类似于注释)。

property()函数的参数都是可选的,可以仅指定第 1 个、或者前 2 个、或者前 3 个参数,也可以指定全部的参数。

常见的用法是:

在类体中先为某个私有属性 x 编写相应的 getx()、setx()、delx()方法,然后在类体中增加一条语句:

x = property(getx, setx, delx)

或者

x = property(fget = getx, fset = setx, fdel = delx)

这样,在类体外就可以通过"对象名. x"对 x 进行访问。

【实例 6.2(2)】 利用 property 函数实现对 Dog 类私有属性的访问。

源代码:

```
1   class Dog:
2       def __init__(self, name, age):          #特殊方法 构造函数,用来初始化实例属性
3           self.__name = name
4           self.__age = age
5       def run(self):                          #公有的实例方法
6           print(self.__name + " is running")
7           print("It is " + str(self.__age) + "years old")
8           def bark(self):
9               print(self.__name + " is barking: 汪汪,汪汪…")
10      def getname(self):
11          return self.__name
12      def getage(self):
13          return self.__age
14      def setname(self, value):
15          self.__name = value
16      def setage(self, age):
17          self.__age = age
18      def delname(self):
19          del self.__name
20      def delage(self):
21          del self.__age
22      # property 函数
23      #下面一行创建了一个 property 对象: name
24      # property 将一些方法(如 getname)附加到 name 的访问入口
25      #任何获取 name 值的代码都会自动调用 getname()
26      #任何修改 name 值的代码都会自动调用 setname()
27      #删除 name 属性,会自动调用 delname()
```

面向对象程序设计

```
28        name = property(getname, setname, delname)
29        ♯注释略
30        age = property(fget = getage, fset = setage, fdel = delage)
31  ♯测试代码
32  ♯现在,就可以在类体外通过对象名.属性名来访问 name, age
33  dog1 = Dog("黄豆", 4) ♯创建一个对象 dog1
34  dog1.run()      ♯在类外调用公有成员方法 run
35  print(dog1.name + " " + str(dog1.age)) ♯调用 getname, getage
36  dog1.name = "花花" ♯修改 dog1 的 name
37  dog1.age = 2    ♯修改 dog1 的 age
38  dog1.run()
39  print(dog1.__dict__) ♯输出 dog1 的属性
40  del dog1.age  ♯删除 dog1 的 age 属性
41  print(dog1.__dict__) ♯输出 dog1 的属性
```

运行结果:

```
黄豆 is running
It is 4 years old
黄豆 4
花花 is running
It is 2 years old
{'_Animal__name': '花花', '_Animal__age': 2}
{'_Animal__name': '花花'}
```

视频讲解

6.2.2 类属性

类除了可以封装实例的属性和方法,还可以拥有自己的属性和方法:类属性和类方法。(类方法在 6.3.2 节中详细介绍)

类属性通常用来记录与这个类相关的特征,而不会用于记录具体实例对象的特征。该类的所有实例对象共享类属性。

类属性定义在类体的任何方法之外。一般在类体的开始部分,以"类属性名 = 初始值"的方式进行初始化。

类属性的可访问范围也遵循 6.1.3 节中的规定:通过属性名来确定类属性的可访问范围。对于私有的类属性,只能在类体内的方法中通过"类名.私有类属性名"访问。对于公有的类属性,可以在类体内的方法中或者类体外的代码中通过"类名.公有类属性名"进行访问。

【实例 6.3】 现在养狗的人越来越多。为了方便管理,需要统计狗的个数。请对实例 6.2 的代码进行修改,可以统计某个地区狗的数量。

分析:修改 Dog 类,添加一个类属性 zone,记录地区名字;添加类属性 numberOfDogs 统计 Dog 类的数量。当创建 Dog 类的一个对象后,numberOfDogs 的值是 1;当创建第二个对象后,numberOfDogs 的值是 2。

源代码：

```
1    #类 Dog
2    class Dog:
3        zone = "徐州地区"              #类属性
4        numberOfDogs = 0              #类属性
5        def __init__(self, name, age):
6            self.__name = name        #私有成员 name 的初始化
7            self.__age = age          #私有成员 age 的初始化
8            Dog.numberOfDogs += 1     #狗的数量加 1
9        def run(self):
10           print(self.__name + " is running")
11           print("It is " + str(self.__age) + "years old")
12       def __bark(self):
13           print(self.__name + " is barking: 汪汪,汪汪…")
14
15   #测试代码
16   dog1 = Dog("黄豆", 4)              #创建第一个对象 dog1
17   print("{}狗的数量是: {}".format(Dog.zone, Dog.numberOfDogs))   #访问类属性
18   dog2 = Dog("球球", 2)              #创建第二个对象 dog2
19   print("{}狗的数量是: {}".format(Dog.zone, Dog.numberOfDogs))   #访问类属性
```

运行结果：

```
徐州地区狗的数量是: 1
徐州地区狗的数量是: 2
```

注意：通过"实例对象名.类属性名"可以访问类属性,但这样容易造成困惑,建议不要这样使用。实例属性和类属性不要使用相同的名字,因为相同名称的实例属性将屏蔽掉类属性,当删除实例属性后,再使用相同的名称,访问到的才是类属性。

6.2.3 特殊属性

实例 6.2(1)和实例 6.2(2)的测试代码部分,均出现了如下的语句: print(dog1.__dict__),这一行语句输出对象 dog1 的所有的属性。那么,__dict__是什么呢？有什么作用呢？

Python 对象中以双下画线开始和结尾的属性称为特殊属性。常见的特殊属性如表 6.1 所示。

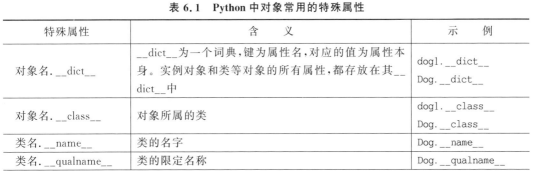

表 6.1 Python 中对象常用的特殊属性

特殊属性	含　义	示　例
对象名.__dict__	__dict__为一个词典,键为属性名,对应的值为属性本身。实例对象和类等对象的所有属性,都存放在其__dict__中	dog1.__dict__ Dog.__dict__
对象名.__class__	对象所属的类	dog1.__class__ Dog.__class__
类名.__name__	类的名字	Dog.__name__
类名.__qualname__	类的限定名称	Dog.__qualname__

面向对象程序设计

特殊属性	含　义	示　例
类名.__module__	类所属的模块	Dog.__module__
类名.__bases__	类的所有直接基类构成的元组	Dog.__bases__
类名.__mro__	mro 即 method resolution order，主要用于在多继承时判断访问的属性或方法的路径(来自于哪个类)	Dog.__mro__
类名.__doc__	类的文档字符串	Dog.__doc__

【实例 6.4】 特殊属性的访问。

```
1   #类 Dog
2   class Dog:
3       '''
4       this is the definition of Dog
5       '''
6       zone = "徐州地区"              #类属性
7       numberOfDogs = 0              #类属性
8       def __init__(self, name, age):
9           self.__name = name        #私有成员 name 的初始化
10          self.__age = age          #私有成员 age 的初始化
11          Dog.numberOfDogs += 1    #狗的数量加 1
12      def run(self):
13          print(self.__name + " is running")
14          print("It is " + str(self.__age) + "years old")
15      def bark(self):
16          print(self.__name + " is barking: 汪汪,汪汪…")
17      class C:                       #在 Dog 类中定义了类 C
18          pass
19
20  #测试代码
21  dog1 = Dog("黄豆", 4)              #创建一个对象 dog1
22  print(dog1.__dict__)
23  dog1.__dict__['_Dog__name'] = "花花"   #利用__dict__修改属性__name__
24  print(dog1.__dict__)
25  print(Dog.__name__)
26  print(Dog.__qualname__)
27  print(Dog.C.__qualname__)
28  print(Dog.__module__)
29  print(Dog.__bases__)
30  print(Dog.__mro__)
31  print(Dog.__doc__)
```

运行结果：

```
{'_Dog__name': '黄豆', '_Dog__age': 4}
{'_Dog__name': '花花', '_Dog__age': 4}
Dog
```

```
Dog
Dog.C
__main__
(<class 'object'>,)
(<class '__main__.Dog'>, <class 'object'>
this is the definition of Dog
```

6.2.4 动态添加/删除属性

Python 是动态类型语言,可以在程序的执行过程中动态添加/删除属性。

动态添加属性的方式有两种。

第一种,使用"对象名.属性名"添加,示例如下:

```
dog1.color = "yellow"    # 添加了一个实例属性
```

第二种,使用 setattr 函数添加,如 setattr(对象名,"属性名",属性值),示例如下:

```
setattr(dog1,"breed","金毛")    # 用 setattr 方法添加了一个实例属性
```

相应地,动态删除属性的方式也有两种:

```
del 对象名.属性名
delattr(对象名,"属性名")
```

【实例 6.5】 动态添加/删除属性。

```
1   # 类 Dog
2   class Dog:
3       numberOfDogs = 0          # 类属性
4       def __init__(self, name, age):
5           self.__name = name      # 私有成员 name 的初始化
6           self.__age = age        # 私有成员 age 的初始化
7           Dog.numberOfDogs += 1   # 狗的数量加 1
8
9   # 测试代码
10  dog1 = Dog("黄豆", 4)           # 创建了一个对象 dog1
11  print(dog1.__dict__)           # 输出 dog1 的属性
12  dog1.color = "yellow"          # 添加了一个实例属性
13  setattr(dog1, "breed", "金毛")  # 用 setattr 方法添加了一个实例属性
14  print(dog1.__dict__)           # 再次输出 dog1 的属性
15  Dog.zone = "徐州地区"           # 添加了一个类属性
16  setattr(Dog, "street", "金山街道")    # 用 setattr 方法添加了一个类属性
17  print("{}{}现有{}条狗!".format(Dog.zone, Dog.street, Dog.numberOfDogs))
18  del dog1.color                 # 删除 dog1 的属性 color
19  delattr(dog1, "breed")         # 用 delattr 方法删除 dog1 的属性 breed
20  print(dog1.__dict__)
21  delattr(Dog, "street")         # 删除类属性
22  print("{}现有{}条狗!".format(Dog.zone, Dog.numberOfDogs))
```

运行结果：

```
{'_Dog__name': '黄豆', '_Dog__age': 4}
{'_Dog__name': '黄豆', '_Dog__age': 4, 'color': 'yellow', 'breed': 4}
徐州地区金山街道现有 1 条狗!
{'_Dog__name': '黄豆', '_Dog__age': 4}
徐州地区现有 1 条狗!
```

6.3　方　　法

在类中定义的方法，按方法名的命名方式来分，可以分为特殊方法和普通方法。

特殊方法的名字以双下画线开始和结束，是 Python 中已经定义名字的方法，特殊方法通常在针对对象的某种操作时自动调用。

普通方法由程序员根据 Python 的标识符的命名规则，按照"见名知意"的原则进行命名。普通方法按使用的场景来分，可分为实例方法、类方法和静态方法。

实例方法、类方法和静态方法的可访问范围必须遵循 6.1.3 节中类成员的可访问范围的规则。根据方法的名字，确定它们是公有的、保护的还是私有的。因此，进一步地，实例方法、类方法和静态方法按照可访问范围来分，可以分为公有方法、保护方法和私有方法。

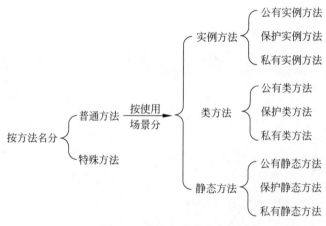

图 6.1　类中方法的分类

6.3.1　实例方法

视频讲解

类中的实例方法和具体的实例对象相关。实例方法既可以访问实例属性，也可以访问类属性。它有一个显著的特征：第一个参数名为 self（类似于 Java 语言中的 this），用于绑定调用此方法的实例对象（Python 会自动完成绑定），其他参数和普通函数中的参数完全一样。

实例方法的定义格式如下：

```
def 实例方法名(self,[形参列表]):
    函数体
```

私有实例方法只能在类体内被其他方法调用。公有实例方法既可以在类体被其他方法调用,也可以在类体外调用。

在类体内的调用格式为:

self.实例方法名([实参列表])

在类体外的常用调用格式为:

实例对象名.公有实例方法名([实参列表])

【实例 6.6】 每一个人都有姓名、性别、年龄、身高(米)、体重(千克),都可以进行自我介绍,计算体重指数(体重指数=体重/身高^2)。请按照面向对象程序设计的思想进行编程。

算法分析:设计一个 Person 类,其中有私有属性姓名 name、性别 sex、年龄 age、身高 height 和体重 weight,在 __init__ 函数中完成属性的初始化;有两个公有的实例方法 introduce() 和 computeBMI(),分别表示自我介绍和计算体重指数。

源代码:

```
1   # Person 类
2   class Person():
3       def __init__(self,name,sex,age,height,weight):
4           self.__name = name
5           self.__sex = sex
6           self.__age = age;
7           self.__height = height
8           self.__weight = weight
9       def introduce(self):
10          print("My name is {},I am {} years old".format(self.__name,self.__age))
11      def computeBMI(self):
12          return self.__weight/(self.__height ** 2)
13  # 测试代码
14  p1 = Person("小苏","男",18,1.8,75)
15  p1.introduce()
16  print("BMI: %d" % p1.computeBMI())
```

运行结果:

```
My name is 小苏,I am 18 years old
BMI: 23
```

在实例 6.6 的代码中,introduce() 和 computeBMI() 就是普通的公有实例方法,在测试代码部分,通过 p1.introduce() 和 p1.computeBMI() 进行了调用。

实例方法是 Python 类中最常见的方法,类中大部分的方法都是实例方法。需要说明的是,Python 并不严格要求实例方法的第一个参数名必须为 self,但是建议读者在编写程序时,遵循惯例。

面向对象程序设计

Python 也支持使用类名调用公有实例方法，但此方式需要手动给 self 参数传值（不推荐）。例如，Person. introduce(p1)。

6.3.2　类方法

视频讲解

类不但拥有自己的属性——类属性，也可以拥有自己的方法——类方法。类方法只能访问类属性，而不能访问对象的实例属性。类方法必须用装饰器@classmethod 来修饰，第一个参数必须为 cls。类方法的定义格式如下：

```
@classmethod
def 类方法名(cls,[形参列表]):
    函数体
```

类方法的调用格式如下：

```
类名.类方法名([实参列表])
实例对象名. 类方法名([实参列表]) (不推荐)
```

在类方法内部，也可以直接使用"cls . 类属性"或者"cls. 类方法([实参列表])"来访问类属性或者类方法。

【**实例 6.7**】　对于实例 6.3，在 Dog 类中增加一个类方法 showDogNumber()来输出某个地区狗的数量。

源代码：

```
1    # 类 Dog
2    class Dog:
3        zone = "徐州地区"                  # 类属性
4        numberOfDogs = 0                  # 类属性
5        def __init__(self,name,age):
6            self.__name = name           # 私有成员 name 的初始化
7            self.__age = age             # 私有成员 age 的初始化
8            Dog. numberOfDogs += 1       # 狗的数量加 1
9        def run(self):
10           print(self.__name + " is running")
11           print("It is " + str(self.__age) + "years old")
12       def __bark(self):
13           print(self.__name + " is barking: 汪汪,汪汪…")
14       @classmethod                     # 类方法
15       def showDogNumber(cls):
16           print("{}狗的数量为{}".format(cls.zone,Dog.numberOfDogs))
17   # 测试代码
18   dog1 = Dog("黄豆",4)                  # 创建第一个对象 dog1
19   Dog. showDogNumber()
20   dog2 = Dog("球球",2)                  # 创建第二个对象 dog2
21   Dog. showDogNumber()
```

运行结果：

徐州地区狗的数量为 1
徐州地区狗的数量为 2

注意：虽然类方法的第一个参数为 cls，调用类方法时不需要给该参数传递实参，Python 会自动把类对象传递给 cls。

6.3.3 静态方法

视频讲解

静态方法是一种普通函数，只不过位于类定义的命名空间中，它不会对任何实例对象进行操作。因为它位于类的命名空间中，所以可以通过"类名.类属性"或者"类名.类方法名()"来访问类属性、调用类方法。

在设计程序时，如果需要在某个类中封装某个方法，这个方法既不需要访问实例属性或者调用实例方法，也不需要访问类属性或者调用类方法，此时，可以将该方法封装成一个静态方法。即静态方法一般用于和类对象以及实例对象都无关的代码。

静态方法必须用装饰器@staticmethod 来修饰，静态方法定义格式如下：

```
@staticmethod
def 静态方法名([形参列表]):
    函数体
```

静态方法的调用格式如下：

```
类名.静态方法名([实参列表])
实例对象名.静态方法名([实参列表])
```

【实例 6.8】 设计一个 Game 类，类属性 topScore 用来记录游戏的最高分；实例属性 name 记录游戏名称，player 记录玩家名称。方法 menu()用来显示游戏菜单，该方法和类对象以及实例对象都没有关系，可以设计为静态方法；类方法 showTopScore()用来显示当前游戏的最高分；实例方法 startGame()、pauseGame()和 exitGame()分别用来开始游戏、暂停游戏和结束游戏。__init__()方法用来初始化实例属性。

源代码：

```
 1  import random
 2  class Game:
 3      topScore = 0                ♯类属性
 4      @staticmethod              ♯静态方法
 5      def menu():
 6          print(" ========= ")
 7          print("1: 游戏开始")
 8          print("2: 游戏暂停")
 9          print("3: 游戏结束")
10          print(" ========= ")
11      def __init__(self,name,player):
12          self.name = name
```

面向对象程序设计

```
13              self.player = player
14              self.score = 0
15          def startGame(self):
16              print(self.player + "开始打" + self.name + "游戏!")
17              self.score = random.randint(0,100)    # 随机给出游戏分数
18              print(self.player + "当前得分是: ",self.score)
19              if self.score > Game.topScore:
20                  Game.topScore = self.score        # 记录游戏的最高分
21          def pauseGame(self):
22              print(self.player + "的" + self.name + " 游戏暂停!")
23          def exitGame(self):
24              print(self.name + " is over!")
25          @classmethod    # 类方法,输出当前游戏的最高分
26          def showTopScore(cls):
27              print("游戏当前最高分是: ",cls.topScore)
28      # 测试代码
29      game1 = Game("扫雷","小苏")        # 创建了第一个游戏对象
30      game2 = Game("扫雷","小师")        # 创建了第二个游戏对象
31      while True:
32          Game.menu()
33          choice = int(input("请输入选择: "))
34          if choice == 1:
35              game1.startGame()
36              game2.startGame()
37          elif choice == 2:
38              game1.pauseGame()
39              game2.pauseGame()
40          elif choice == 3:
41              game1.exitGame()
42              game2.exitGame()
43              break
44      Game.showTopScore()
```

程序分析:

这是一个综合实例,涉及了前面学习的类属性和实例属性以及实例方法、类方法和静态方法。本例中,menu()方法就是静态方法。容易看出,它和普通函数的作用类似,本例中menu()方法的作用就是输出一个菜单。请读者认真阅读代码,体会类中属性和方法的用法。

6.3.4 特殊方法

视频讲解

Python 对象中包含许多以双下画线开始和结束的方法,称为特殊方法,例如 __init__()。特殊方法又称为魔术方法,特殊方法不仅可以实现构造和初始化,而且可以实现比较、算术运算,它还可以让类像一个字典、迭代器一样使用,实现各种高级、简洁的程序设计模式。一些常见的 Python 特殊方法如表 6.2 所示。

表 6.2　Python 常见的特殊方法

特殊方法	含　义
__new__()	负责创建类的实例对象的静态方法,无须使用装饰器 @ staticmethod 修饰。Python 自动调用__new__()方法返回实例对象后,再自动调用这个实例对象的__init__()方法
__init__()	实例方法,用来对__new__()返回的实例对象进行必要的初始化,它没有返回值
__del__()	析构方法,用来实现销毁类的实例对象所需的操作。默认情况下,当对象不再使用时,Python 会自动调用__del__()方法
__repr__()	返回一个字符串,可以实现把实例对象像字符串一样输出,对应于内置函数 repr()
__str__()	返回一个字符串,可以实现把实例对象像字符串一样输出,对应于内置函数 str()
__len__()	求类的实例对象的长度,对应于内置函数 len()
__call__()	包含该特殊方法的类的实例可以像函数一样调用

【实例 6.9】　对象的特殊方法。

```
1   #类 Dog
2   class Dog:
3       def __init__(self,name,age):        #特殊方法构造函数
4           self.__name = name              #私有成员 name 的初始化
5           self.__age = age                #私有成员 age 的初始化
6       def __str__(self):                  #特殊方法,返回一个字符串
7           return "狗的名称是{},年龄是{}".format(self.__name,self.__age)
8       def __len__(self):                  #特殊方法,返回一个长度值
9           return len(self.__name) + len(str(self.__age))
10      def __del__(self):                  #特殊方法,析构函数
11          print("销毁对象:{}".format(self.__name))
12      def __call__(self,name,age):
13          self.__name = name
14          self.__age = age
15
16  dog1 = Dog("黄豆",4)
17  print(dog1)                             #用 print 输出对象 dog1 时,会自动调用__str__()
18  print(len(dog1))                        #调用 len(dog1)时,会自动调用__len__()
19  dog1("花花",2)                          #像函数一样调用对象 dog1
20  print(dog1)
```

运行结果:

```
狗的名称是黄豆,年龄是 4
3
狗的名称是花花,年龄是 2
销毁对象: 花花
```

程序分析:

在本例中,Dog 类中有 5 个特殊方法: __init__()和__del__()进行实例对象的构造和析构;在第 17 行代码中,当用 print()函数输出 Dog 类的实例对象 dog1 时,Python 解释器会

自动调用 dog1.__str__()方法,print()函数则输出__str__()返回的字符串;在第 18 行代码中,当调用 len(dog1)时,Python 解释器会自动调用 dog1.__len__()方法。在第 19 行代码中,当调用 dog1("花花",2)时,Python 解释器会自动调用__call__()方法。

视频讲解

6.3.5 动态添加/删除方法

Python 是动态类型语言,既可以在程序的执行过程中动态添加/删除属性,也可以动态添加/删除方法。Python 语言可以动态地添加实例方法、类方法和静态方法。

1. 动态添加实例方法

动态添加实例的方法有 3 种。

(1) 通过类名添加,步骤如下:

① 定义要添加的实例方法,格式为:

```
def 实例方法名(self,[形参列表]):
    函数体
```

② 通过类名添加实例方法,格式为:

```
类名.实例方法名 = 实例方法名
```

说明:通过类名添加的实例方法,该类的所有实例对象都可以调用。

(2) 通过实例对象添加,步骤如下:

① 定义要添加的实例方法,格式为:

```
def 实例方法名(self,[形参列表]):
    函数体
```

② 通过实例对象添加,格式为:

```
实例对象名.实例方法名 = 实例方法名
```

说明:通过实例对象添加的实例方法,只能该实例对象才能调用,调用该实例方法时,必须将实例对象作为实参传递给 self。例如,

```
实参对象名.实例方法(实参对象名[,其他实参列表])
```

(3) 利用 MethodType 绑定,步骤如下:

① 定义要添加的实例方法,格式为

```
def 实例方法名(self,[形参列表]):
    函数体
```

② 导入 types 模块。

```
import types
```

③ 实例对象名。

```
实例方法名 = types.MethodType(实例方法名,实例对象名)
```

说明:利用 MethodType 绑定给实例对象添加的实例方法,只能该实例对象才能调用,

别的任何实例对象都不能调用。调用时,不需要将实例对象作为实参传入。

2. 动态添加类方法

动态添加类方法的步骤如下:

① 定义类方法。

```
@classmethod
def 类方法名(cls[,形参列表]):
    函数体
```

② 类名.类方法名=类方法名。

3. 动态添加静态方法

动态添加静态方法的步骤如下:

① 定义静态方法。

```
@staticmethod
def 静态方法名([形参列表]):
    函数体
```

② 类名.静态方法名=静态方法名。

4. 动态删除方法

动态删除方法有 4 种情况,见表 6.3。

表 6.3　动态删除方法

删除方法	格　式
通过类名添加的实例方法	del 类名.实例方法
通过实例对象添加的实例方法	del 实例对象名.实例方法
类方法	del 类名.类方法
静态方法	del 类名.静态方法

【实例 6.10】 动态添加/删除方法。

```
1    # Rectangle 类
2    class Rectangle:
3        count = 0
4        def __init__(self,length,width):
5            self.length = length
6            self.width = width
7            Rectangle.count += 1
8    r1 = Rectangle(3,4)                #创建一个 Rectangle 对象 r1
9    r2 = Rectangle(5,4)                #创建一个 Rectangle 对象 r2
10   # 添加实例方法
11   def area(self):                    #定义实例方法
12       return self.length * self.width
13   #通过类名添加实例方法,该类的所有实例对象都可以调用
14   # Rectangle.area = area
15   #通过实例对象添加实例方法
16   r1.area = area
17   #通过 MethodType 绑定
18   import  types                      #导入 types
19   r2.area = types.MethodType(area,r2)    #将实例方法 area 和实例对象 r2 绑定在一起
```

```
20      #测试给 r1 实例对象添加的实例方法 area
21      print("面积是: {}".format(r1.area(r1)))          #调用实例对象新添加的实例方法
22      #测试给 r2 实例对象添加的实例方法 area
23      print("面积是: {}".format(r2.area()))            #调用实例对象新添加的实例方法
24
25      @classmethod                                    #定义要添加的类方法 showCount
26      def showCount(cls):
27          print("当前矩形个数是: {}".format(cls.count))
28      Rectangle.showCount = showCount                 #把类方法添加到类 Rectangle 中
29      #测试添加的类方法
30      Rectangle.showCount()
31      #动态添加静态方法
32      @staticmethod                                   #定义要添加的静态方法
33      def show():
34          print("here! this is Rectangle class!")
35      Rectangle.show = show                           #把静态方法添加到类 Rectangle 中
36      #测试添加的静态方法
37      Rectangle.show()
38      #动态删除实例方法、类方法和静态方法
39      #del Rectangle.area                             #删除通过类名添加的实例方法
40      del r1.area                                     #删除通过实例对象添加的实例方法
41      del r2.area
42      del Rectangle.showCount                         #删除类方法
43      del Rectangle.show                              #删除静态方法
```

运行结果：

```
面积是: 12
面积是: 20
当前矩形个数是: 2
here! this is Rectangle class!
```

视频讲解

6.4　运算符重载

在 Python 中，还有大量的特殊方法支持实现更多的功能。运算符重载就是通过在类中重写特殊方法来实现的。Python 常见的运算符与对应的特殊方法如表 6.4 所示。

表 6.4　常见的运算符与对应的特殊方法

运算符	特殊方法
＋（加）、－（减）	__add__、__sub__ __radd__（反序加法） __rsub__（反序减法） 与普通的加、减法具有相同功能，但是，左侧的操作数是内建类型，右侧的操作数是自定义类型。很多其他的运算符也有与之对应的反序特殊方法
＊（乘）、/（实除）	__mul__、__truediv__

运算符	特殊方法
//（整除）、%（求余）	__floordiv__、__mod__
**（幂）	__pow__
== 、!= 、< 、<= 、> 、>=	__eq__、__ne__、__lt__、__le__、__gt__、__ge__
<<、>>	__lshift__、__rshift__
& 、| 、~ 、^	__and__、__or__、__invert__、__xor__
+= 、-=	__iadd__、__isub__
*= 、/=	__imul__、__itruediv__
//= 、%=	__ifloordiv__、__imod__
+（正号）、-（负号）	__pos__、__neg__
<<= 、>>=	__ilshift__、__irshift__

在 Python 的自定义类中，根据运算功能的需要，重写各运算符所对应的特殊方法，就可以实现运算符重载。

【实例 6.11】 自定义一个三维向量类 Vector，该类支持 Vector 对象的输出、反向、向量之间的加、减运算，向量的数乘运算。

算法分析：一个三维向量有 x、y、z 3 个坐标；Vector 对象的输出需要重写 __str__()方法，该方法返回一个关于 Vector 对象信息的字符串；Vector 对象反向需要重写 __neg__()方法；Vector 对象之间的加减运算，即对应坐标之间的加减，然后得到一个新的向量，分别重写 __add__()、__sub__()方法即可；向量的数乘运算有"向量 * 数"和"数 * 向量"两种情况，重写 __mul__()和 __rmul__()即可。

源代码：

```
1   class Vector:
2       def __init__(self, x = 0.0, y = 0.0, z = 0.0):
3           self.x = x
4           self.y = y
5           self.z = z
6       def __str__(self):
7           return 'Vector({0},{1},{2})'.format(self.x,self.y,self.z)
8
9       def __neg__(self):              #反向运算
10          return Vector( - self.x, - self.y, - self.z)
11
12      def __add__(self, other):       #两个向量相加,返回一个新向量
13          return Vector(self.x + other.x, self.y + other.y, self.z + other.z)
14
15      def __sub__(self, other):       #两个向量相减,返回一个新向量
16          return Vector(self.x - other.x, self.y - other.y, self.z - other.z)
17
18      def __mul__(self, k):           #向量和 k 相乘,返回一个新向量
19          return Vector(k * self.x, k * self.y, k * self.z)
20
21      def __rmul__(self, k):          #k 和向量相乘,返回一个新向量
```

```
22            return Vector(k * self.x, k * self.y, k * self.z)
23
24    # 下面是测试代码
25    if __name__ == '__main__':
26        v1 = Vector(1, 2, 3)
27        v2 = Vector(4, 5, 6)
28        print('- v1 = {}'.format(- v1))
29        print('v1 + v2 = {}'.format(v1 + v2))
30        print('v1 - v2 = {}'.format(v1.v2))
31        print('v1 * 2 = {}'.format(v1 * 2))
32        print('2 * v1 = {}'.format(2 * v1))
```

运行结果：

```
- v1 = Vector(- 1, - 2, - 3)
v1 + v2 = Vector(5,7,9)
v1 - v2 = Vector(- 3, - 3, - 3)
v1 * 2 = Vector(2,4,6)
2 * v1 = Vector(2,4,6)
```

6.5　继　　承

视频讲解

6.5.1　相关概念

继承是面向对象程序设计的重要特性之一，它为 Python 语言实现代码重用和多态性（在 6.6 节中介绍）提供了支持。在 Python 语言中，当设计一个新类 B 时，如果新类 B 不但具有某个已有的设计良好的类 A 的全部特点，还具有类 A 没有的特点，那么可以让类 B 继承类 A。

通过继承创建的新类 B 称为"子类"或"派生类"，被继承的、已有的、设计良好的类 A 称为"基类""父类"或"超类"。子类如果只有一个父类，则称为单继承；如果有多个父类，则称为多继承。

视频讲解

6.5.2　单继承

单继承时，派生类的定义格式如下：

class 派生类名(基类名):
　　类体

在 Python 中，每个类都继承于一个已经存在的类，如果某个类定义中没有指定基类，则默认基类为 object 类。

派生类中如果没有定义构造函数，则可以继承基类中的构造函数。否则，派生类继承基类中除了构造函数之外的所有属性和方法。在派生类中，必须显式调用基类的构造函数

__init__()以完成从基类中继承的实例属性的初始化。

在派生类中,可以直接访问从基类中继承的公有成员和保护成员。在派生类中,调用基类中的方法有 3 种方式,格式如下:

super(派生类名,self).方法名([实参列表]) (推荐)
super().方法名([实参列表])
基类名.方法名(self,[实参列表]) (不推荐)

在实际开发时,使用基类名或 super()这两种方式不要混用。

【**实例 6.12**】 定义一个学生类 Student,其中有姓名、学号;有显示学生信息的 show()方法。再定义一个类 UndergraduateStudent,它继承自 Student 类,新增加一个属性 department。

源代码:

```
1    #基类 Student 类的定义
2    class Student(object):
3        def __init__(self,name,id):
4            self._name = name
5            self._id = id
6        def show(self):
7            print("我的名字是: " + self._name + " 学号是: " + self._id)
8    #派生类 UndergraduateStudent 的定义
9    class UndergraduateStudent(Student):
10       def __init__(self,name,id,department):
11           super(UndergraduateStudent, self).__init__(name, id)    #调用基类的构造函数
12           #super().__init__(name, id)          #调用基类的构造函数
13           #也可以写成
14           #Student.__init__(self, name, id)
15           self.department = department          #初始化新增的属性
16       def show(self):
17           super().show()                        #调用基类中的 show 方法
18           print("我在" + self.department)
19
20   #测试代码
21   us1 = UndergraduateStudent("张三","1001","计算机学院")
22   us1.show()
```

运行结果:

```
我的名字是: 张三 学号是: 1001
我在计算机学院
```

程序分析:

派生类的构造函数必须显式地调用基类的构造函数,才能完成它从基类中继承的实例属性的初始化。派生类 UndergraduateStudent 重写了父类 Student 中的 show()方法。当通过派生类实例对象 us1.show()访问 show()方法时,先在派生类中寻找该方法,如果找不到,再去父类中寻找 show()方法。

面向对象程序设计

对于单继承来说,通过 super()和通过基类名调用基类的构造函数,结果是一样的。而对于多继承,则有不同的结果。

6.5.3 多继承及 MRO 顺序

视频讲解

Python 语言支持多继承。多继承时,派生类的定义格式如下:

class 派生类名(基类名 1,基类名 2,…):
　　类体

【实例 6.13】 简单多继承示例。

源代码:

```
1    class Sofa():
2        def __init__(self):
3            self.__color = "yellow"
4            print("in Sofa init")
5        def sitting(self):
6            print("can sitting!")
7
8    class Bed():
9        def __init__(self):
10           self.__color = "gray"
11           print("in Bed init")
12       def lying(self):
13           print("can lie down!")
14
15   class Sofabed(Bed, Sofa):
16       def __init__(self):
17           Sofa.__init__(self)
18           Bed.__init__(self)
19           self.__color = "green"
20
21   #测试代码
22   s = Sofabed()
23   s.sitting()
24   s.lying()
25   print(s.__dict__)
26   print(Sofabed.mro())
```

运行结果:

```
in Sofa init
in Bed init
can sitting!
can lie down!
```

```
{'_Sofa__color': 'yellow', '_Bed__color': 'gray', '_Sofabed__color': 'green'}
[<class '__main__.Sofabed'>, <class '__main__.Bed'>, <class '__main__.Sofa'>, <class 'object'>]
```

程序分析：

在上面的代码中，在 Sofabed 类的 init 函数中，显式地利用基类名.方法名()来调用基类的构造函数。此时，创建 Sofabed 派生类的实例对象时，基类构造函数的调用次序只与 Sofabed 类的 init 函数中基类名.构造函数名()的代码书写顺序相关，与 Sofabed 类定义时声明的基类顺序无关。

如果将 Sofabed 类中的构造函数写成如下形式：

```
def __init__(self):
    super(Sofabed, self).__init__()
    #super().__init__()
    self.__color = "green"
```

则创建 Sofabed 类的实例对象时，Sofabed 类中利用 super(Sofabed,self)调用的构造函数是 MRO 顺序中离 Sofabed 类最近的那个类的构造函数。那么，什么是 MRO 顺序呢？

MRO(Method Resolution Order)顺序是指对于定义的每一个类，Python 会计算出一个解析顺序(MRO)列表，这个 MRO 列表就是一个简单的所有父类的线性顺序列表。通过类的方法 mro()或者类的属性__mro__可以输出这个列表。例如：

```
print(Sofabed.mro())
```

会得到如下结果：

```
[<class '__main__.Sofabed'>, <class '__main__.Bed'>, <class '__main__.Sofa'>, <class 'object'>]
```

从这个 MRO 顺序可以知道，当派生类实例对象调用某个方法时，Python 先在派生类中寻找该方法，如果找不到，那么 Python 按照定义派生类时声明基类的顺序，从左到右在各个基类中查找该方法。

同理，在多继承中，如果派生类中没有定义构造函数，则它会按照 MRO 顺序，继承离它最近的那个基类的构造函数，如果这个基类也没有定义构造函数，则继续向前推，直到找到有构造函数的那个基类为止。

MRO 有效地解决了多重继承时，经常出现的菱形继承(钻石继承)中顶层的基类中的成员被多次继承的问题。

对于图 6.2 所示的菱形继承，其 MRO 顺序是：

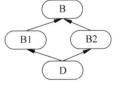

图 6.2 菱形继承

```
[<class '__main__.D'>, <class '__main__.B1'>, <class '__main__.B2'>, <class '__main__.B'>,
<class 'object'>]
```

【实例 6.14】 菱形继承。

面向对象程序设计

源代码：

```
1   class B():
2       def __init__(self,b, * args, ** kwargs):     #顶层基类 B 的构造函数,带可变参数
3           self.b = b
4       def show(self):
5           print(self.b)
6   class B1(B):
7       def __init__(self,b,b1, * args, ** kwargs):#B1 的构造函数,带可变参数
8           super(B1,self).__init__(b, * args, ** kwargs)   #按照 MRO 顺序,调用 B1 的下一
                                                        #个类的构造函数
9           self.b1 = b1
10      def show(self):
11          print(self.b,self.b1)
12  class B2(B):
13      def __init__(self,b,b2, * args, ** kwargs):#B2 的构造函数,带可变参数
14          super(B2,self).__init__(b, * args, ** kwargs)   #按照 MRO 顺序,调用 B2 的下一
                                                        #个类的构造函数
15          self.b2 = b2
16      def show(self):
17          print(self.b,self.b2)
18  class D(B1,B2):
19      def __init__(self,b,b1,b2,d):                #最底层派生类 D 的构造函数
20          super(D,self).__init__(b,b1,b2)          #按照 MRO 顺序,调用 D 的下一个类的构造
                                                    #函数
21          self.d = d
22      def show(self):
23          print(self.b,self.b1,self.b2,self.d)
24
25  print(D.mro())
26  d = D(1,2,3,4)
27  d.show()
```

运行结果：

```
[<class '__main__.D'>, <class '__main__.B1'>, <class '__main__.B2'>, <class '__main__.B'>,
<class 'object'>]
1 2 3 4
```

程序分析：

从上面的代码可以知道,要解决图 6.2 所示的菱形继承这种复杂结构带来的问题,在顶层基类 B 的构造函数的形参列表中,需要列出基类 B 所需的形参以及可变参数列表。

在中间层的类 B1 的构造函数的形参列表中,需要列出从基类 B 中继承的属性的初始化所需的形参、类 B1 新增属性需要的形参以及可变参数列表。这样,在类 B1 的构造函数体中,需要使用 super(派生类名,self).__init__(基类需要的实参列表,可变实参列表)实现调用基类的构造函数;中间层的类 B2 同样如此。

在最后的派生类 D 的构造函数的形参列表中,需要列出派生类 D 直接或间接继承的基

类中的所有属性的初始化所需的形参,以及 D 新增的属性所需的形参。在派生类 D 的构造
函数体中,需要使用 super(派生类名,self).__init__(所有基类需要的实参列表)实现调用基
类的构造函数。

6.6 多 态 性

多态性是面向对象程序设计语言的重要特性之一,它能够有效地提高程序的可扩充性。
它是一种机制、一种能力,而非某个关键字。

Python 语言也支持多态性,但是因为 Python 中的变量不需要声明类型,所以不存在
Java 和 C++中的父类引用或者父类指针指向子类对象的多态体现;同时 Python 不支持方
法重载,所以也不存在 Java 和 C++中的静态多态性,而只有动态多态性。

【实例 6.15】 多态性应用实例。

源代码:

```
1   class Dog(object):              ♯Dog 类
2       def speak(self):
3           print("狗汪汪叫…")
4   class Cat(object):              ♯Cat 类
5       def speak(self):
6           print("猫喵喵叫…")
7   class Person(object):           ♯Person 类
8       def speak(self):
9           print("人用普通话说话…")
10  def speak(obj):                 ♯实现说话功能的全局函数
11      obj.speak()
12
13  p = Person()
14  speak(p)
15  c = Cat()
16  speak(c)
17  d = Dog()
18  speak(d)
```

运行结果:

```
人用普通话说话…
猫喵喵叫…
狗汪汪叫…
```

程序分析:

在本例代码中,Dog 类、Cat 类、Person 类都有一个 speak()函数,分别实现不同类动物
的说话。speak()是一个全局普通函数,当调用 speak()函数时,把 Dog 类、Cat 类、Person
类的实例对象传送给 obj,则通过 obj 调用 speak()函数时,就会调用实例对象所属的类中的
speak()函数,输出不同的信息。这里,多态性表现为向同一个函数传递不同参数后,可以实

现不同功能。

Python 语言在很多地方都体现了多态性。例如，len()函数可以计算各种对象，如字符串、列表、元组中的数据个数，它会在运行时通过参数类型确定具体的求数据个数的计算过程。

视频讲解

6.7 综合例子

【实例 6.16】 简单员工管理系统。

一个公司有 4 类人员：经理、技术人员、推销人员以及销售经理。

员工的共有属性有：姓名、级别、职工工号、月薪总额；新增的职工的工号，由公司现有的员工工号最大值加 1 得到；方法有 promote()，功能是改变员工的级别；

经理是固定月薪制；技术人员是时薪制；推销人员按销售额提成；销售经理则是固定月薪加销售额提成。

每种人员的月薪总额计算方法如下：

经理：8000 元/月；技术人员：100 元/时；

推销人员：4%提成；销售经理：5000 元/月＋5%提成。

请编写程序，创建各类人员对象，并输出对象的信息。

源代码：

```
1   class Employee:
2       employeeNo = 10;                    #本公司职员编号目前最大值
3       def __init__(self, name, grade, * args, ** kwargs):
4           self.name = name                #姓名
5           self.grade = grade              #级别
6           Employee.employeeNo += 1
7           self.individualEmpNo = Employee.employeeNo   #公司职工工号
8           self.accumPay = 0.0             #月薪总额
9       def promote(self, increment):
10          self.grade += increment
11
12  class Manager(Employee):                #经理类
13      def __init__(self, name, grade, * args, ** kwargs):   #构造函数
14          super(Manager, self).__init__(name, grade, * args, ** kwargs)   #调用基类的
                                                                            #构造函数
15          self.monthlyPay = 8000
16      def pay(self):                      #计算月薪的函数
17          self.accumPay = self.monthlyPay
18      def displayStatus(self):
19          print("经理: ", self.name, " 工号: ", self.individualEmpNo)
20          print("级别: ", self.grade, "     月薪总额: ", self.accumPay)
21
22  class Salesman(Employee):
23      def __init__(self, name, grade, sales, * args, ** kwargs):
24          super(Salesman, self).__init__(name, grade, * args, ** kwargs)   #调用基类的
                                                                            #构造函数
25          self.commRate = 0.04            #按销售额提取酬金的百分比
26          self.sales = sales              #当月销售额
```

```
27    def pay(self):                      #计算月薪总额的方法
28        self.accumPay = self.sales * self.commRate
29    def displayStatus(self):            #显示人员信息
30        print("销售员: ", self.name, " 工号: ", self.individualEmpNo)
31        print("级别: ", self.grade, "    月薪总额: ", self.accumPay)
32
33 class SalesManager(Manager, Salesman):   #销售经理类
34    def __init__(self, name, grade, sales, * args, ** kwargs):
35        super(SalesManager, self).__init__(name, grade, sales, * args, ** kwargs)
36        self.monthlyPay = 5000
37    def pay(self):                      #计算月薪总额的方法
38        self.accumPay = self.monthlyPay + self.commRate * self.sales
39    def displayStatus(self):            #显示人员信息
40        print("销售经理: ", self.name, " 工号: ", self.individualEmpNo)
41        print("级别: ", self.grade, "    月薪总额: ", self.accumPay)
42
43 class Technician(Employee):             #技术人员类
44    def __init__(self, name, grade, hourlyRate, workHours):
45        super(Technician, self).__init__(name, grade)
46        self.hourlyRate = hourlyRate
47        self.workHours = workHours
48    def pay(self):                      #计算月薪总额的方法
49        self.accumPay = self.hourlyRate * self.workHours
50    def displayStatus(self):            #显示人员信息
51        print("技术员: ", self.name, " 工号: ", self.individualEmpNo)
52        print("级别: ", self.grade, "    月薪总额: ", self.accumPay)
53 #全局函数
54 def display(employee):
55    employee.promote(2)
56    employee.pay()
57    employee.displayStatus()
58
59 m1 = Manager("张三", 1)
60 s1 = Salesman("李四", 1, 10000)
61 sm1 = SalesManager("王五", 1, 20000)
62 t1 = Technician("赵六", 1, 100, 100)
63 display(m1)
64 display(s1)
65 display(sm1)
66 display(t1)
```

运行结果:

```
经理: 张三   工号: 11
级别: 3      月薪总额: 8000.0
销售员: 李四   工号: 12
级别: 3      月薪总额: 400.0
销售经理: 王五   工号: 13
```

面向对象程序设计

级别：3　　　月薪总额：5800.0
技术员：赵六　工号：14
级别：3　　　月薪总额：10000.0

视频讲解

6.8　北斗卫星导航系统——科技强国

6.8.1　案例背景

全球卫星导航系统（Global Navigation Satellite System，GNSS），也称为全球导航卫星系统，是航天技术和通信技术相结合的产物。全球首个卫星导航系统诞生于美国，它就是我们常常提到的 GPS 系统，被称为继阿波罗登月、航天飞机之后现代航天领域的又一大奇迹。

中国高度重视卫星导航系统的建设发展。20 世纪后期，中国开始探索适合国情的卫星导航系统发展道路，逐步形成了三步走发展战略：2000 年年底，建成北斗一号系统，向中国提供服务；2012 年年底，建成北斗二号系统，向亚太地区提供服务；2020 年，建成北斗三号系统，向全球提供服务。

北斗卫星导航系统（BeiDou Navigation Satellite System，BDS）成为继美国全球卫星定位系统（GPS）和俄罗斯全球卫星导航系统（GLONASS）之后第 3 个成熟的卫星导航系统。我国也成为全世界第 2 个拥有真正全球组网星座卫星导航系统的国家。

不管是在军事还是在商业领域，GPS 过去都是一家独大，而如今，局面正在悄然地改变。BDS 虽然起步慢于 GPS 和 GLONASS，但是 BDS 的组网能力和组网速度远远超越了其他两个全球定位系统。在精准性方面，BDS 完全不输给 GPS，而在稳定性上，BDS 远远优于 GLONASS。

在军事领域，中国基本已经完全摒弃了 GPS，采用自主的 BDS 为军用飞机、舰艇、导弹等提供导航服务。此外，中东等国家也开始与中国合作，启用 BDS 为本国国防军事服务。

6.8.2　案例任务

如果通过北斗导航系统获得了地球上任意两个城市的经纬度，请利用面向对象程序设计思想，计算两个城市之间的经纬度距离。

6.8.3　案例分析与实现

分析：可以把一个城市看作是地球上的一个点，建立一个点类 Point。Point 类中有两个私有数据成员分别表示经度和纬度。在 __init__() 函数中实现对这两个成员的初始化。Point 类中有相应的 get() 函数，分别用来返回每个点的经度、纬度、经度对应的弧度以及纬度对应的弧度。

全局函数 getDistance() 用来求两个点之间的经纬度距离。计算经纬度距离的 haversin 公式如下：

$$\mathrm{haversin}\left(\frac{\mathrm{d}}{\mathrm{R}}\right) = \mathrm{haversin}(\varphi_2 - \varphi_1) + \cos\varphi_1 \cos\varphi_2 \, \mathrm{haversin}(\Delta\lambda)$$

其中：

$$\mathrm{haversin}(\theta) = \sin^2(\theta/2) = (1 - \cos(\theta))/2$$

R 为地球半径，可取平均值 6371km；

φ_1，φ_2 表示两点的纬度；

Δλ 表示两点经度的差值；

经度、纬度单位都是弧度。

源代码：

```
1   from math import pi, sin, cos, asin, acos, sqrt
2
3   class Point(object):
4       EARTH_RADIUS = 6371                    #地球平均半径, 单位 km
5       def __init__(self, longti, lati):
6           self.__longti = longti
7           self.__lati = lati
8       def getLongti(self):
9           return self.__longti               #返回经度
10      def getLongtiRad(self):
11          return self.__longti * pi / 180    #返回经度对应的弧度
12      def getLati(self):
13          return self.__lati                 #返回纬度
14      def getLatiRad(self):
15          return self.__lati * pi / 180      #返回纬度对应的弧度
16
17  def getDistance(p1, p2):
18      dlati = p1.getLatiRad() - p2.getLatiRad()       #两点纬度之差
19      dlongti = p1.getLongtiRad() - p2.getLongtiRad() #两点经度之差
20      #计算两点之间的距离
21      d = sin(dlati / 2) ** 2 + cos(p1.getLatiRad()) * cos(p2.getLatiRad()) *
    sin(dlongti / 2) ** 2
22      d = 2 * asin(sqrt(d))
23      d = d * Point.EARTH_RADIUS
24      #精确距离的数值(单位 km)
25      d = round((d * 10000) / 10000, 2)
26      #返回距离 d
27      return d
28
29  #主程序
30  徐州 = Point(117.11, 34.15)
31  上海 = Point(120.52, 30.40)
32  dist = getDistance(徐州, 上海)
33  print("徐州 -- 上海之间的经纬度距离: %.2f km" % dist)
```

6.8.4　总结和启示

　　本案例利用面向对象程序设计思想实现计算地球上任意两个城市之间的经纬度距离。北斗卫星导航系统如何得到地球上任意一点的坐标、如何基于"两球交会"的原理进行定位，

面向对象程序设计

在此就不再赘述。

中华民族是一个有智慧的民族，从古代"司南"的发明，到如今建立起自己的"全球卫星定位系统"，都充分反映了中国人的勤劳与奋斗精神。可是，中国错过了工业革命的黄金时代，使得中国近代步入了一段至暗时光。制造业，特别是高精尖制造业的落后，让一代又一代中国人付出了无限的艰辛去追赶。如今，BDS、5G 等先进技术的发展，让我们看到了中国的科技曙光，但"路漫漫其修远兮，吾将上下而求索"。如今的"科技革命"，全球站在同一起跑线，期望我们能走得更远。

6.9 本章小结

面向对象程序设计有抽象、继承、封装和多态 4 个基本特征。

Python 类中的成员有属性和方法两种，通过"对象名.成员名"的形式来访问对象属性和方法。

属性分为实例属性、类属性、静态属性和特殊属性，方法有实例方法、类方法、静态方法和特殊方法。实例方法的第一个参数是 self，表示对象本身。通过对象名调用实例方法时不需要为 self 传递任何值。可以动态地添加属性和方法。

运算符重载是通过在类中重写有关的特殊方法来实现的。

Python 支持单继承和多继承，通过 MRO 顺序实现继承。

Python 是一种多态语言，很多地方都体现了多态性。

6.10 巩固训练

【训练 6.1】 设计一个日期类 Date，属性包括年（year）、月（month）和日（day），方法包括：构造函数实现属性的初始化，其他方法能够实现获取属性值、设置属性值、输出属性值。

【训练 6.2】 设计一个党员类（CCPM），属性包括姓名、性别、身份证号、入党时间、党费/月；方法包括：构造方法实现属性的初始化，其他成员方法能够实现设置属性值，获取属性值、输出属性值。

【训练 6.3】 设计一个基类 Person，包含 name、sex 和 age 3 个私有数据成员，然后由它派生出 Student 类和 Teacher 类，其中 Student 类中新增学号、成绩两个私有数据成员，Teacher 类中新增院系、工号、工资 3 个私有数据成员。另外，Student 类和 Teacher 类中均有相应的用于数据输入输出的公共接口函数，请编程实现。

【训练 6.4】 请建立一个分数类 Rational，使之具有如下功能：能防止分母为 0，当分数中不是最简形式时，进行约分以及避免分母为负数。用重载运算符完成分数的加、减、乘、除四则运算和大小的比较运算。

【训练 6.5】 编写一个程序，计算三角形、正方形和圆形这 3 种图形的面积和周长，并采用相关数据进行测试。面积函数名称为 area，周长函数名称为 circumference。

第7章 文件和目录操作

能力目标

【应知】 理解文本文件和二进制文件的概念；理解序列化与反序列化的概念。

【应会】 掌握文本文件和二进制文件的打开、关闭与读写操作；掌握 csv 格式文件的操作；掌握对文件与目录的操作；掌握 Python 内置文件的压缩与解压缩 zipfile 模块。

【难点】 文件和目录操作的综合应用。

知识导图

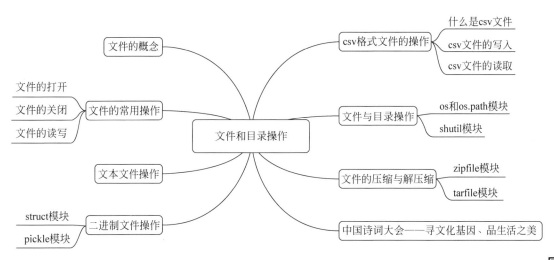

7.1 文件的概念

视频讲解

要长期保存数据，就要使用磁盘、U 盘、光盘、云盘等外部存储设备。一张图片、一部电影、一段代码等，都可以被保存为一个文件。任何一个文件都有一个文件名，文件名是存取文件的依据。操作系统以"文件"为单位管理磁盘中的数据。

从用户的角度来说，常见的文件可以分为程序文件和数据文件，例如 winword.exe、notepad.exe 等是程序文件；而人们自己创建的 Word 文档、记事本文档就是数据文件。

根据文件中数据的组织形式，可以把文件分为文本文件和二进制文件。

文件中数据的组织形式其实就是由文件的创建者和解释者（即使用文件的软件）约定的

格式。所谓"格式"，就是关于文件中每一部分的内容代表什么含义的一种约定。

所有的文件本质上都是由一个一个字节组成的字节串。如果文件中的每一个字节都约定为一个可见字符的 ASCII 码或其他字符集中的编码，则可以用记事本或者其他文本编辑器正常打开、编辑，并且可以直接阅读和理解，这样的文件就称作文本文件。

除了文本文件之外，其他常见的文件如图像文件、视频文件、可执行程序文件等都称作二进制文件。二进制文件不能用文本编辑器直接进行编辑，需要使用专门的程序才能打开、显示。

在 Python 程序中，不管使用哪一类文件，都要经过 3 个步骤：打开文件、读写文件、关闭文件。Python 语言有相应的函数来实现打开、读、写、关闭等文件操作。

视频讲解

7.2 文件的常用操作

7.2.1 文件的打开

在对文件进行读写之前，必须要先打开文件。打开文件有两个目的：

（1）建立起要打开的文件和文件对象（文件句柄）之间的关联。对文件的操作，都是通过与之关联的文件对象进行的。

（2）指定文件的使用方式、缓冲方式、编码格式、是否区分换行符等。

Python 的内置函数 open() 可以打开或创建一个文件。open() 函数的语法格式为：

文件对象 = open(file, mode = 'r', buffering = − 1, encoding = None, newline = None)

第 1 个参数 file 是字符串类型，用来指明要打开的文件的文件名，文件名中可包含路径。例如：

D:/Python/code/test.txt

上面给出的路径是全路径，指明要打开 D 盘 Python 目录的子目录 code 中的 test.txt 文件；也可以只给出文件名，如 test.txt，指明打开当前目录（即 Python 源程序所在的目录）中的文件 test.txt；也可以给出相对路径，如"code/test.txt"，指明要打开的文件 test.txt 在当前目录的 code 子目录中。

在 Windows 系统中，目录与文件或者目录与目录之间的分隔符可以使用斜杠"/"，也可以使用反斜杠"\"。由于反斜杠"\"经常与其他字符一起构成转义字符，如"\n""\t"具有特殊含义。所以在使用文件时，表示文件名的字符串应尽可能使用"/"作为分隔符，或者使用双反斜杠"\\"作为分隔符，如"D:\\Python\\code\\test.txt"；当然在路径名前面加上 r，就会取消字符串中反斜杠"\"的转义特性，如 r"D:\\Python\\code\\test.txt"。读者可以自行选择写法。

第 2 个参数 mode 是字符串类型，用于指定文件的打开方式。表 7.1 列出了 mode 的各种取值及作用。

表 7.1 参数 mode 的取值

mode		说　明
文件操作格式	r	读模式
	w	写模式
	a	追加模式
	＋	读写模式(不能单独使用,需要与 r/w/a 之一连用)
文件读写格式	b	二进制文件(不能单独使用,需要与 r/w/a 之一连用)
	t	文本文件(可以省略,如果使用,需要与 r/w/a 之一连用)

说明:

(1) 当 mode 的值为'r'、'r＋'、'rb'、'rb＋'时,要求文件必须已经存在,否则会发生打开文件失败的异常(FileNotFoundError)。

(2) 当 mode 的值为'w'、'w＋'、'wb'、'wb＋'、'a'、'a＋'、'ab'、'ab＋'时,如果文件不存在,则会创建一个新文件。

(3) '＋'不能单独使用,必须和其他模式合在一起使用,表示具有读写功能。

- 'r＋'不清除原内容,可在任意位置写入数据,默认为起始位置;
- 'w＋'要先清除原有内容,然后从起始位置写入新内容;
- 'a＋'不清除原有内容,只能在文件末尾写入新内容;
- 'r'、'w'、'a'、'r＋'、'w＋'、'a＋'中省略了文件读写格式't',因此,打开的是文本文件;
- 若不指定参数 mode 的值,则默认的 mode 值为'rt',即读取文本文件。

第 3 个参数 buffering 用来指定访问文件所采用的缓冲方式。

- buffering 默认值是－1,表示使用系统默认的缓冲区大小;
- buffering＝0,表示不缓冲;
- buffering＝1,表示只缓冲一行数据,即碰到换行就将缓冲区的内容写入磁盘;
- buffering＝n(n＞1),则每当缓冲区写满 n 字节后就写入磁盘。

第 4 个参数 encoding 用于指定文本文件使用的编码格式,默认为 None,即不指定编码格式,采用系统默认的编码。Python 内置的编码包括'utf-8'、'utf8'等。中文系统一般使用'utf-8'或'gbk'。

第 5 个参数 newline 用于区分换行符,该参数只对文本文件有效。

7.2.2　文件的关闭

文件在打开并操作完成之后,应及时关闭,否则会给程序带来无法预知的错误。关闭文件的语法格式为:

```
文件对象.close()
```

Python 还可以使用 with 语句操作文件对象。这样,不管在文件操作过程中是否发生异常,都能保证 with 语句执行完毕后自动调用 close()函数关闭打开的文件对象。语法格式如下:

```
with open(file,mode) as 文件对象:
    文件对象的读写操作
```

7.2.3　文件的读写

使用 open()函数打开文件,就建立起了打开的文件和文件对象(文件句柄)之间的关联。对文件的操作,都是通过与之关联的文件对象进行的。常用的文件对象操作方法如表 7.2 所示。

表 7.2　常用的文件对象操作方法

方　　法	说　　明
read([size])	size 是可选参数,用于指定一次最多可读取的字符(字节)个数,如果省略,则默认一次性读取所有内容
readline()	每次都读取目标文件中的一行。对于读取以二进制格式打开的文件,会以"\n"作为读取一行的标志
readlines()	读取文件中的所有行,该函数返回是一个字符串列表,其中每个元素为文件中的一行内容
write(string)	可以向文件中写入指定内容 string
writelines(strings)	可以实现将字符串列表 strings 写入文件中
tell()	返回文件指针的当前位置,单位是字节
seek(offset[,whence])	移动文件读取指针到指定位置。offset 表示相对于 whence 的偏移量,单位是字节。 whence:可选,默认值为 0。0 代表从文件开头开始算起,1 代表从当前位置开始算起,2 代表从文件末尾开始算起
flush()	把缓冲区的内容写入文件,但不关闭文件

视频讲解

7.3　文本文件操作

7.1 节介绍了什么是文本文件,7.2 节介绍了如何打开、关闭文件以及文件的读写函数。本节通过几个实例,来说明文本文件的读写操作。

【实例 7.1】　把一首唐诗写入文本文件 poem.txt 中。唐诗如下:

从军行

唐.王昌龄

青海长云暗雪山,孤城遥望玉门关。

黄沙百战穿金甲,不破楼兰终不还。

源代码:

```
1   poem = ["从军行\n",\
2          "唐.王昌龄\n",\
3          "青海长云暗雪山,孤城遥望玉门关.\n",\
4          "黄沙百战穿金甲,不破楼兰终不还.\n"]
5   f = open("poem.txt","w")
6   f.writelines(poem)
7   print("唐诗已经写入文件中!")
8   f.close()
```

程序分析：

（1）程序的第 1～4 行将唐诗的内容保存在列表 peom 中，考虑到屏幕的宽度，一行显示不了所有的唐诗内容，所以用了续行符"\"。

（2）第 5 行代码以"w"模式打开文件 poem.txt，创建文件对象 f。

（3）第 6 行代码将列表 poem 的内容写入文件。

（4）本例中用 open()方法打开文件，用 close()方法关闭文件。

Python 还提供了 with 语句来操作文件对象。例如：

实例 7.1 的参考代码可以写为：

```
1   poem = ["从军行\n",\
2          "唐.王昌龄\n",\
3          "青海长云暗雪山,孤城遥望玉门关.\n",\
4          "黄沙百战穿金甲,不破楼兰终不还.\n"]
5   with open("poem.txt","w") as f:
6          f.writelines(poem)
7   print("唐诗已经写入文件中!")
```

【实例 7.2】 操作文件指针，将实例 7.1 中建立的 poem.txt 文件中诗名和最后一句诗的内容输出。

源代码：

```
1   with open("poem.txt") as f:
2          print("打开文件时,文件指针的位置: ",f.tell())
3          print("诗名为: ",f.read(3))
4          print("从文件开始读取 3 个字符后,文件指针的位置: ",f.tell())
5          f.seek(53)      #将文件指针移动到最后一句诗的开头,此时文件指针指向"黄"字
6          print("最后一句诗为: ",f.readline().strip()) #输出最后一句诗
7          print("输出最后一句诗后,文件指针的位置: ", f.tell())
```

运行结果：

```
打开文件时,文件指针的位置: 0
诗名为: 从军行
从文件开始读取 3 个字符后,文件指针的位置: 6
最后一句诗为: 黄沙百战穿金甲,不破楼兰终不还.
输出最后一句诗后,文件指针的位置: 87
```

程序分析：

（1）在第 1 行代码中，打开文件 poem.txt 时，没有指定文件打开模式，默认是"rt"模式；在第 2 行代码中，利用 f.tell()方法获得文件指针的位置，返回的是字节数。

（2）当对文件操作时，文件内部会有一个文件指针来定位当前位置。以追加模式打开文件时，文件指针在文件的末尾；以其他模式打开文件时，文件指针在文件的开头。对于read()、write()以及其他读写函数，当读写操作完成后，文件指针会自动向后移动。

（3）在第 3 行代码中，f.read(3)读取 3 个字符。

（4）从第 4 行代码的运行结果可以知道，一个中文字符占用 2 字节。

（5）在第 5 行代码中，f.seek(53)将文件指针移动到最后一句诗的开头。此时，文件指针指向"黄"字。能不能把第 5 行的代码修改为 f.seek(−32,2)，即将文件指针从文件末尾向后移动 16 个字符呢？不能。因为在 Python 中，只允许以"b"模式即二进制模式打开文件，才允许文件指针向后移动；否则，只允许从文件头开始移动文件指针。seek()方法的whence 参数取 1 和 2 的用法只能在二进制文件中使用。

（6）第 6 行代码输出最后一句诗，由于最后一句诗中有"\n"字符，运行结果会换一行。所以，用 strip()方法删除末尾的"\n"。

视频讲解

【实例 7.3】 从键盘输入若干学生的学号、姓名、某门课成绩，并保存在文件 student.txt中，一行保存一个学生的信息，学号、姓名、成绩之间用逗号分隔。在文件 student.txt 文件的第一行的内容是"学号,姓名,成绩"。

算法分析：

用变量 n 保存要输入的学生个数，从键盘输入 n 的值。

用 open()函数创建文件对象 f，建立起文件 student.txt 和 f 之间的联系，文件打开模式是"w"。

在 for 语句的循环体中，依次输入每一个学生的学号 id、姓名 name 和成绩 socre，然后文件对象 f 调用 write()方法，将 id、name 和 score 写入文件中。

源代码：

```
1   n = int(input("请输入学生人数："))
2   f = open("student.txt","w")  #创建文件对象
3   f.write("学号,姓名,成绩\n")
4   for i in range(1,n+1):
5       id,name,score = input("请输入第" + str(i) + "个学生的学号 姓名 成绩：").split()
6       f.write(id + "," + name + "," + str(score) + " ")  #将一个学生的信息写入到文件中
7       f.write("\n")          #然后换行
8   f.close()                  #关闭文件对象
9   print("数据已经保存在文件中!")
```

一次运行结果：

```
请输入学生人数：4
请输入第 1 个学生的学号 姓名 成绩：1001 zhang 90
请输入第 2 个学生的学号 姓名 成绩：1002 wang 80
请输入第 3 个学生的学号 姓名 成绩：1003 li 70
请输入第 4 个学生的学号 姓名 成绩：1004 zhao 60
数据已经保存在文件中!
```

程序分析：

write()方法只能将字符串写入文件，因此在第 6 行代码中利用 str()函数将浮点数score 转换成字符串。写入 id、name 时，字符串后面要连接一个逗号，写入 score 时，字符串后面要有一个(或几个空格)或换行符作为数据之间的分隔符，以免将来从磁盘文件中读取

数据时,数据连成一片无法区分。

【实例 7.4】 从实例 7.3 建立的文件 student.txt 中读取所有信息并输出到屏幕上。

方法一:利用 read()函数。

```
1   with open("student.txt") as f:
2       print(f.read())
```

方法一代码的第 1 行的 read()函数没有指定一次读取多少个字符,则读取文本文件的全部内容。

方法二:利用 readline()函数。

```
1   with open("student.txt") as f:
2       while True:
3           line = f.readline().strip()
4           if not line:
5               break
6           print(line)
```

方法二代码中的 readline()函数一次读取文件中的一行内容,返回一个字符串。Python 中没有判断文件指针是否指到文件末尾的函数,因此,为了读取文件的全部内容,在 while 循环中要加一个条件判断,判断读取的字符串是否为空,如果为空,则结束跳出 while 循环。

方法三:利用 readlines()函数。

```
1   with open("student.txt") as f:
2       students = f.readlines()
3   for line in students:
4       line = line.strip().split(",")
5       print(line)
```

方法三中的 readlines()函数可以一次性地读取文件中的所有行,返回值是一个列表,列表中依次存放文件中每一行的字符串。

方法四:直接遍历文件对象。

```
1   with open("student.txt") as f:
2       for line in f:
3           print(line.strip())
```

Python 中的文件对象是一种可迭代对象,可以使用 for…in 循环进行遍历。

7.4 二进制文件操作

常见的文件如图像文件、音频文件、视频文件、可执行程序文件等都是二进制文件。二进制文件没有统一的字符编码,无法使用记事本或其他文本编辑软件打开直接阅读。不同的二进制文件需要使用专门的软件进行处理。例如,.xlsx 文件可以用 Excel 打开,.bmp 文件可以用画图软件打开。

我们知道,当程序运行时,所有的变量或者对象都是存储到内存中的,一旦程序运行结束,这些变量或者对象所占有的内存就会被回收。为了实现变量和对象持久化地存储到磁盘文件中,就需要将变量或者对象转化为一个一个字节(也称为二进制流)。

Python处理二进制文件,文件打开方式一般需要设置成"rb"、"wb"或"ab"。这样,读写的数据流就是二进制流。将变量或者对象转化为二进制流的过程称作序列化。

还需要将二进制流转换成普通的数据。把磁盘文件中的二进制流读取到内存中,恢复成原来的变量或者对象的过程称作反序列化。

Python通过一些标准模块或第三方模块来实现序列化和反序列化。常用的模块有pickle、json、struct、marshal、shelve等。本节主要介绍最常用的struct模块和pickle模块在二进制文件操作方面的应用。

视频讲解

7.4.1 struct 模块

在struct模块中,将一个整型数字、浮点型数字或字符流转换为字节流时,需要使用格式化字符串告诉struct模块被转换的对象是什么类型,例如整型数字是'i',浮点型数字是'f',一个ASCII码字符是's'。

struct模块能够构造并解析打包的二进制数据。从某种意义上说,它是一个数据转换工具,它能够把文件中的字符串解读为二进制数据。

struct模块是比较常用的第三方模块。下面通过两个例子来说明struct模块的应用。

【实例7.5】 使用struct模块将一个学生信息写入二进制文件student.bin,学生信息包括学号、姓名、成绩。

源代码:

```
1   import struct
2   id = b"1001"              ♯在字符串前面加上b,转换成字节串
3   name = "zhang".encode()   ♯调用字符串的encode()方法,将字符串转换成字节串
4   score = 90.0
5   student = struct.pack('4s8sf', id, name, score) ♯按格式'4s8sf',将id,name,score打包
                              ♯成字节串
6   with open("student.bin","wb") as f:
7       f.write(student)      ♯把字节串student写入二进制文件
8   print("学生信息已经写入二进制文件!")
```

程序分析:

(1) 第1行代码导入struct模块;

(2) 第2行代码在字符串"1001"前面加上字符b,将其转换成字节串;

(3) 如第3行代码所示,也可以通过调用字符串的encode()方法,将字符串转换成字节串;

(4) 第5行代码通过struct模块的pack()方法,按照4s8sf的格式将变量id、name和score打包成字节串student;

(5) 第6行代码以"wb"模式打开二进制文件student.bin;

（6）第 7 行代码将字节串"student"写入二进制文件。

【实例 7.6】 使用 struct 模块将实例 7.5 中建立的二进制文件 student. bin 中的数据读取出来，并显示在屏幕上。

源代码：

```
1   import struct
2   with open("student.bin","rb") as f:
3       size = struct.calcsize('4s8sf')
4       stu = f.read(size)     # 读取 size 个字节
5       stu = struct.unpack('4s8sf',stu)     # 解析字节串,解析的结果是一个元组
6       print("从二进制文件读取的数据为: ",stu)   # 输出元组,可以看出 id,name 保持为字节串
        id,name,score = stu     # 对元组进行解包,赋给对应的变量 id,name,score
7   # 用 decode 方法对 id、name 进行解码,将字节串转换成字符串
8       print(id.decode()," ",name.decode()," ",score)
9
```

运行结果：

```
从二进制文件读取的数据为: (b'1001', b'zhang\x00\x00\x00\x00\x00', 90.0)
1001   zhang          90.0
```

程序分析：

（1）第 2 行代码以"rb"模式打开二进制文件 student. bin。

（2）在第 3 行代码中，调用 struct. calcsize('4s8sf')计算格式串 4s8sf 所占用的字节数。

（3）在第 4 行代码中，通过文件对象 f 调用 read()方法，读取出若干字节，stu 是一个字节串。

（4）第 5 行代码调用 struct. unpack()方法，将字节串 stu 按照格式串 4s8sf 进行解析，返回的是一个元组。

（5）第 6 行代码输出元组 stu。从运行结果可以看出，数据被完整地从二进制文件中解析出来。b'1001'、b'zhang\x00\x00\x00\x00\x00'是学号、姓名对应的字节串。

（6）第 7 行代码对元组进行解包，赋给变量 id、name 和 score。

（7）在第 9 行代码中，通过调用 decode()方法，将字节串 id、name 转换成字符串，以人们正常阅读的形式输出。

从上面的例子可以知道，struct 模块的 pack()方法按照指定格式将 Python 数据转换为字节串，即进行了序列化。要将字节串写入二进制文件，必须调用 write()方法；相应地，利用 read()方法从二进制文件中读取出若干字节（字节串），struct 模块的 unpack()方法按照指定格式将字节串转换为 Python 指定的数据类型。struct 模块的常用方法如表 7.3 所示。

表 7.3　struct 模块的常用方法

方法名	返回值	说　　　明
pack(fmt,v1,v2···)	string	按照给定的格式(fmt),把数据 v1,v2···转换成字符串(字节串),并将该字符串返回

续表

方法名	返回值	说　　明
unpack(fmt,bytes)	Tuple	按照给定的格式(fmt),解析字节流 bytes,并返回解析结果
calcsize(fmt)	size of fmt	计算给定的格式(fmt)占用多少字节的内存,注意对齐方式

表 7.3 中的参数 fmt 称作格式字符串,由一个或多个格式字符组成。struct 模块常用的封装数据的格式字符如表 7.4 所示。

表 7.4　struct 模块常用的封装数据的格式字符

格式符	对应的 C 语言数据类型	对应的 Python 语言数据类型	数据字节数
s	字符串	bytes	由 s 前的数字决定,例如,4s 表示打包为 4 字节
i	整型	整型	4
h	短整型	整型	2
f	单精度浮点型	浮点型	4
d	双精度浮点型	浮点型	8
c	字符型	长度为 1 的 bytes	1
?	布尔型	布尔型	1

视频讲解

7.4.2　pickle 模块

pickle 模块是 Python 的内置模块。过 pickle 模块的序列化操作,能够将程序中的对象信息保存到二进制文件中去,永久存储;通过 pickle 模块的反序列化操作,能够从文件中读取序列化的对象。

pickle 模块中常用的方法是 dump()方法和 load()方法,分别实现对象的序列化和反序列化。

dump()方法的语法格式如下:

```
pickle.dump(obj,file,protocol = None)
```

dump()方法将对象 obj 序列化后,写入二进制文件对象 file 中。protocol 参数有 5 个取值:0、1、2、3、4。0 表示使用 ASCII 协议;1 表示使用旧版二进制协议;2 表示使用 Python 2.3 使用的二进制协议;3 表示使用 Python 3.0 使用的二进制协议;4 表示使用 Python 3.4 使用的二进制协议。一般情况下使用默认值 0。

【实例 7.7】　使用 pickle 模块,将各种 Python 类型的数据写入二进制文件 data. bin 中。

源代码:

```
1   class Person():
2       def __init__(self, name, age):
3           self.name = name
4           self.age = age
5       def __str__(self):
```

```
6             return self.name + ' ' + str(self.age)
7    import pickle
8    x = 123                              #整型
9    y = 95.0                             #浮点型
10   s = "江苏师范大学"                     #字符串
11   b = True                             #布尔型
12   t = (1, 2, 3)                        #元组
13   lst = [1, 2, 3]                      #列表
14   c = {4, 5, 6}                        #集合
15   d = {"brand": "Leno", "price": 5000} #字典
16   p = Person("zhang", 20)              #类对象
17   with open("data.bin", "wb") as file:
18       pickle.dump(x, file)            #将 x 序列化,写入 file 中
19       pickle.dump(y, file)
20       pickle.dump(s, file)
21       pickle.dump(b, file)
22       pickle.dump(t, file)
23       pickle.dump(lst, file)
24       pickle.dump(c, file)
25       pickle.dump(d, file)
26       pickle.dump(p, file)
27   print("数据已经写入二进制文件中!")
```

运行结果:

```
数据已经写入二进制文件中!
```

此时,浏览当前目录就会发现创建的文件 data.bin。如果用记事本打开该文件,显示的内容是人无法直接识别的。

程序分析:

(1) 第 1~6 行代码定义了 Person 类。

(2) 第 7 行代码导入了 pickle 模块。

(3) 第 8~16 行代码定义了要写入文件中的对象。

(4) 第 18~26 行代码调用 pickle.dump()函数把 Python 的对象写入二进制文件中。

load()方法的语法格式如下:

```
pickle.load(file)
```

load()方法反序列化对象,将文件对象 file 所关联的二进制文件中的数据解析为 Python 对象。

【实例 7.8】 使用 pickle 模块,将实例 7.7 中建立的二进制文件 data.bin 中的数据读取出来并输出。

源代码：

```
1   class Person():
2       def __init__(self, name, age):
3           self.name = name
4           self.age = age
5       def __str__(self):
6           return self.name + ' ' + str(self.age)
7   import pickle
8   with open("data.bin", "rb") as file:
9       x = pickle.load(file)
10      y = pickle.load(file)
11      s = pickle.load(file)
12      b = pickle.load(file)
13      t = pickle.load(file)
14      l = pickle.load(file)
15      c = pickle.load(file)
16      d = pickle.load(file)
17      p = pickle.load(file)
18  data = [x, y, s, b, t, l, c, d, p]
19  for item in data:
20      print(item)
```

运行结果：

```
123
95.0
江苏师范大学
True
(1, 2, 3)
[1, 2, 3]
{4, 5, 6}
{'brand': 'Leno', 'price': 5000}
zhang 20
```

程序分析：

(1) 由于实例 7.7 的代码写入了一个自定义的类对象，因此，本程序代码也需要有该类的定义，见程序第 1～6 行代码。

(2) 程序的第 9～17 行调用 pickle.load( )方法实现从二进制文件中读取数据并反序列化。

(3) 第 19、20 行将读取的数据输出。

7.5 csv 格式文件的操作

7.5.1 什么是 csv 文件

视频讲解

csv 文件是一种纯文本文件，它使用特定的结构来排列表格数据，常用于不同程序之间的数据交换。csv 文件具有格式简单、快速存取、兼容性好等特点,工程、金融、商业等很多数据文件都是采用 csv 文件保存和处理的。csv 文件可以用 Excel 打开,也可以使用文本编辑器打开,例如记事本、Word 等。

以下是一个典型的 csv 文件:

```
学号,姓名,成绩
1001,zhang,90
1002,wang,80
1003,li,70
1004,zhao,60
```

从上面的内容可以知道,csv 文件一般有如下特征:

(1) 第一行标识数据列的名称;

(2) 之后的每一行代表一条记录,存储具体的数值;

(3) 每一条记录的各个数据之间一般用半角逗号(,)分隔;

(4) 制表符(\t)、冒号(:)和分号(;)也是常用的分隔符。

如果事先知道 csv 文件使用的分隔符,则可以使用 7.2 节、7.3 节中介绍的文本文件的读写方式进行操作。Python 中也提供了内置的 csv 模块实现 csv 文件的读写。用 csv 模块来处理 csv 文件,可以保证结果的准确性,避免不必要的错误。

7.5.2 csv 文件的写入

1. csv.writer 对象

csv.writer 对象用于把列表对象数据写入 csv 文件中。csv 模块提供了创建 csv.writer 对象的方法 writer(),其语法格式如下:

```
csv.writer(csvfile,dialect = 'excel', ** fmtparams)
```

其中,csvfile 是任何支持迭代器协议的对象,通常是一个文件对象;dialect 用于指定 csv 的格式模式;fmtparams 用于指定特定格式,以覆盖 dialect 中的格式。在实际使用中,第 2、3个参数通常省略。

csv.writer 对象可以调用如下两个方法向 csv 文件中写入数据。

```
write(row)           #一次写入一行
writerows(rows)      #一次写入多行
```

【实例 7.9】 使用 csv.writer 对象将若干职工信息数据写入文件 employees.csv 中。职工信息包括工号、姓名、薪水。

源代码:

```
1  import csv
2  with open("employees.csv", "w", newline = "") as f:     #打开文件 employees.csv
3      writer = csv.writer(f)  #调用 csv 模块的 writer()方法,创建一个 csv.writer 对象 writer
```

文件和目录操作

```
  4        writer.writerow(['工号', '姓名', '薪水'])     # writer 调用 writerow()方法,一次写入
      # 一行数据
  5    data = [['1001', '张', 9000],
  6            ['1002', "王", 7800],
  7            ['1003', "李", 8700],
  8            ['1004', "赵", 6500]]
  9    writer.writerows(data)   # writer 调用 writerows()方法,一次写入多行数据
 10  print("数据已经写入!")
```

程序分析：

（1）第 1 行代码导入 csv 模块；

（2）第 2 行代码以"w"模式打开 employees.csv 文件,文件对象名为 f。注意,参数 newline=""不能省略,这样,当向文件中写入数据时,行的结尾符号不会被转化；否则,文件中每一行数据后有一个空行,这会导致 csv 文件的读取错误。

（3）在第 3 行代码中,调用 csv.writer(),并将文件对象 f 作为实参,从而创建了一个与该文件相关联的 csv.writer 对象 writer。

（4）在第 4 行代码中,writer 对象调用 writerow()方法,一次写入一行数据。

（5）在第 9 行代码中,writer 对象调用 writerows()方法,一次写入多行数据。

运行结果：

```
数据已经写入!
```

此时打开当前目录,就会发现一个 employees.csv 文件,文件的内容如下：

```
工号,姓名,薪水
1001,张,9000
1002,王,7800
1003,李,8700
1004,赵,6500
```

视频讲解

2. csv.DictWriter 对象

csv.DicWriter 对象可以将字典对象数据写入到 csv 文件中。csv 模块提供了创建 csv.DictWriter 对象的方法 DictWriter(),其语法格式如下：

```
csv.DictWriter(csvfile,fieldnames,restval = '',extrasaction = 'raise',dialect = 'excel', * args,
** kwds)
```

其中,csvfile 是任何支持迭代器协议的对象,通常是一个文件对象；fieldnames 用于指定标题行的各个字段名；restval 用于指定默认数据；extrasaction 用于指定多余字段时的操作；其他参数含义同 csv.writer()方法。除了 csvfile 和 filednames 外,其余参数都是可选的。

csv.DictWriter 对象不但能调用 write()和 writerows()方法向 csv 文件写入数据,也可以调用如下的方法把标题行的各个字段写入文件。

```
writeheaders()    # 写入标题行字段名
```

【实例 7.10】 使用 csv.DictWriter 对象将若干职工信息数据写入文件 employees.csv 中。职工信息包括工号、姓名、薪水。

源代码：

```
1   import csv
2   header = ['工号', '姓名', '薪水']      ＃定义标题行各个字段
3   data = [{'工号': '1001', '姓名': '张', '薪水': 9000},  ＃写入 csv 文件中的数据,字典形式
4           {'工号': '1001', '姓名': '王', '薪水': 7800},
5           {'工号': '1001', '姓名': '李', '薪水': 8700},
6           {'工号': '1001', '姓名': '赵', '薪水': 6500}]
7   with open("employees.csv", "w", newline = "") as f:    ＃打开文件 employees.csv
8       ＃创建调用 csv 模块的 DictWriter()方法,创建一个 csv.DictWriter 对象 writer
9       writer = csv.DictWriter(f,header)
10      writer.writeheader()                    ＃将标题行写入文件
11      writer.writerows(data)        ＃writer 调用 writerows()方法,一次写入多行数据
12  print("数据已经写入!")
```

程序分析：

(1) 第 2 行代码定义了一个列表 header,其中是标题行的内容；

(2) 第 3～6 行代码定义了一个列表 data,列表中的每个元素都是字典；

(3) 第 9 行代码调用 csv.DictWriter(),并将文件对象 f 和 header 作为实参,从而创建了一个 csv.Dictwriter 对象 writer;

(4) 第 10 行代码调用 writeheader(),将标题行写入 csv 文件；

(5) 第 11 行代码调用 writerows(data),将 data 写入文件。

7.5.3 csv 文件的读取

视频讲解

1. csv.reader 对象

csv.reader 对象可以按行读取 csv 文件中的数据,它是一个可迭代的对象。可以使用 for…in 循环语句依次读取每一个数据元素；也可以使用 list()函数将其转换为列表,然后一次性输出该列表。

创建 csv.reader 对象的方法是 reader(),其语法格式如下：

csv.reader(csvfile,dialect = 'excel', ** fmtparams)

其中,各个参数的含义同 csv.writer()方法。

【实例 7.11】 使用 csv.reader 读取实例 7.9 中建立的 employees.csv 文件。

源代码：

```
1   import csv        ＃导入 csv 模块
2   with open("employees.csv","r") as f:
3       reader = csv.reader(f)    ＃调用 csv 模块的 reader()方法,创建一个 csv.reader 对
    ＃象 reader
4       for row in reader:              ＃使用 for…in 循环访问 reader 中每一个元素
5           print(row)
```

文件和目录操作

运行结果：

```
['工号', '姓名', '薪水']
['1001', '张', '9000']
['1001', '王', '7800']
['1001', '李', '8700']
['1001', '赵', '6500']
```

程序分析：

(1) 第 2 行代码以"r"模式打开 employees. csv 文件,文件对象名为 f;

(2) 第 3 行代码调用 csv. reader(),并将文件对象 f 作为实参,从而创建了一个与该文件相关联的 csv. reader 对象 reader;

(3) 第 4 行和第 5 行代码使用 for…in 循环访问 reader 对象中的每一个元素;

(4) 从运行结果可以看出,for…in 循环依次读取出可迭代对象 reader 中的每一个数据元素。reader 中的每一个元素是一个列表,对应 csv 文件中的一行,csv 文件中的每一行的每一个字段值以字符串的形式作为列表中的一个元素。

2. csv. DictReader 对象

csv. DictReader 对象也是一个可迭代对象,也可以使用 for…in 循环语句依次读取 csv 文件中的每一行数据。与 csv. reader 对象不同的是,它使用 OrderedDict 字典而不是用列表来返回 csv 文件中的数据记录。

创建 csv. DictReader 对象的方法是 DictReader(),其语法格式如下：

csv. DictReader(csvfile,fieldnames = None,restval = '',extrasaction = 'raise',dialect = 'excel', * args, ** kwds)

【**实例 7.12**】 使用 csv. DictReader 读取实例 7.9 中建立的 employees. csv 文件。

源代码：

```
1    import csv     ＃导入 csv 模块
2    with open("employees.csv","r") as f:
3        reader = csv.DictReader(f)    ＃调用 csv 模块的 DictReader()方法,创建一个
     ＃csv.DictReader 对象 reader
4        for row in reader:        ＃使用 for…in 循环访问 reader 中每一个元素
5            print(row)
```

运行结果：

```
OrderedDict([('工号', '1001'), ('姓名', '张'), ('薪水', '9000')])
OrderedDict([('工号', '1001'), ('姓名', '王'), ('薪水', '7800')])
OrderedDict([('工号', '1001'), ('姓名', '李'), ('薪水', '8700')])
OrderedDict([('工号', '1001'), ('姓名', '赵'), ('薪水', '6500')])
```

程序分析：

(1) 第 3 行代码调用 csv. DictReader(),并将文件对象 f 作为实参,从而创建了一个与

该文件相关联的 csv.DictReader 对象 reader;

（2）从运行结果可以看出,for…in 循环依次读取出可迭代对象 reader 中每一个数据元素,reader 中的每一个数据元素是一个 OrderedDict 字典。该字典中,按键值对构成的元组中,键是 csv 文件中第一行即标题行中的字段名,值是 csv 文件中除标题行之外的每一行数据中对应的字段值。

7.6　文件与目录操作

在 Python 中,有关文件及目录操作的功能是通过一些专门的模块来实现的。常用的文件与目录操作相关的模块是 os 及其子模块 os.path 和 shutil 模块。

7.6.1　os 和 os.path 模块

视频讲解

os 模块是 Python 标准库中的一个用于访问操作系统功能的模块,使用 os 模块中提供的接口,可以实现跨平台访问。os 及其子模块 os.path 中常用的文件与目录操作的属性或方法见表 7.5。

表 7.5　os 及其子模块 os.path 中常用的文件与目录操作属性或方法

方法分类	属性名或方法名	功能说明
获取平台信息	os.name	当前使用的操作系统平台
	os.sep	当前操作系统所使用的路径分隔符
	os.extsep	当前操作系统所使用的文件扩展名分隔符
目录操作	os.getcwd()	获取当前工作目录
	os.chdir(path)	切换当前工作目录为 path。如 os.chdir("d:\\Python")
	os.mkdir(path)	创建目录,参数 path 是要创建的目录。如：os.mkdir("e:\\Python")
	os.makedirs(path)	创建多级目录。如 os.makedirs("e:\\Python\\code")
	os.rmdir(path)	删除指定目录 path。注意只能删除空目录
	os.removedirs(path)	删除多级目录。只能删除空目录
	os.listdir(path)	返回 path 目录下的文件和目录列表
	os.walk(top)	遍历指定的目录 top,得到 top 下所有的子目录。返回一个元组：(dirpath,dirnames,filenames),dirpath 为目录,dirnames 为其中包含的子目录列表,filenames 为其中包含的文件列表
	os.path.exists(path)	判断文件或目录是否存在
	os.path.abspath(path)	返回 path 的绝对路径
	os.path.isabs(path)	判断 path 是否为绝对路径
	os.path.isdir(path)	判断 path 是否为目录
	os.path.join(path, * paths)	连接两个或多个 path
	os.path.split(path)	对 path 进行分隔,以列表形式返回
	os.path.splitext(path)	从 path 中分隔文件的扩展名
	os.path.splitdrive(path)	从 path 中分隔驱动器的名称

续表

方法分类	属性名或方法名	功能说明
文件操作	os. path. isfile(path)	判断 path 是否为文件
	os. path. getatime(filename)	返回文件的最后访问时间
	os. path. getctime(filename)	返回文件的创建时间
	os. path. getmtime(filename)	返回文件的最新修改时间
	os. path. getsize(filename)	返回文件的大小
	os. remove(filename)	删除指定的文件
	os. rename(src,dst)	重命名文件或目录,src 是要修改的名字,dst 是修改后的名字

视频讲解

【实例 7.13】 从键盘上输入一个路径,输出这个路径下所有的文件和目录。

源代码:

```
1   import os
2   def traversDirByWalk(path):
3       if not os.path.exists(path):
4           print("输入的路径不存在!")
5           return
6       file_list = os.walk(path)     #遍历 path
7       for dirpath, dirnames, filenames in file_list:
8           for dir in dirnames:
9               print(os.path.join(dirpath, dir))    #得到目录的完整路径
10          for file in filenames:
11              print(os.path.join(dirpath, file))   #得到文件的完整路径
12
13  path = input("请输入要遍历的路径:")
14  traversDirByWalk (path)
```

程序运行后,如果输入的路径存在,则会以绝对路径的形式输出路径下的所有目录和所有的文件,运行的结果由所用计算机相应路径下的实际内容决定。

上面的代码主要利用 os. walk()方法实现遍历,也可以用递归的方法实现遍历。

源代码:

```
1   #递归遍历指定路径
2   import os
3   def recurTraverseDir(path):
4       if not os.path.exists(path):
5           print("输入的路径不存在!")
6           return
7       for subpath in os.listdir(path):
8           fullpath = os.path.join(path, subpath)
9           print(fullpath)
10          if os.path.isdir(fullpath):
11              recurTraverseDir(fullpath)
12  path = input("请输入要遍历的路径:")
13  recurTraverseDir(path)
```

【实例 7.14】 删除指定路径下所有扩展名为 .txt 的文件。

源代码：

```
1    import os
2    def deltxt(path):
3        if os.path.isdir(path):
4            file_list = [filename for filename in os.listdir(path) if filename.endswith
     (".txt")]
5            print("删除了", len(file_list), "个 txt 文件!")
6            for item in file_list:
7                fullpath = os.path.join(path, item)
8                os.remove(fullpath)
9        else:
10           print("输入的不是目录路径!")
11
12   path = input("请输入路径: ")
13   deltxt(path)
```

7.6.2 shutil 模块

shutil 模块是高级的文件操作模块。7.6.1 节中介绍的 os 模块提供了对目录或者文件的新建、删除、查看文件属性等操作，还提供了对文件以及目录的路径操作。但是，os 模块没有提供文件或目录的移动、复制、压缩、解压等操作。shutil 模块中提供的操作就是对 os 模块中文件操作的补充。使用 shutil 模块之前，要先导入它。shutil 模块常用的方法如表 7.6 所示。

表 7.6 shutil 模块的常用方法

方法名	功能说明	使用示例
shutil. copyfile (src, dst)	将源文件 src 复制到目标文件 dst,两者可以包含路径名	import shutil shutil.copyfile("d:\\code\\实例 1.txt", "e:\\实例 1.txt")
shutil.copy(src,dst)	将路径 src 处的文件复制到路径 dst 处。如果 dst 是一个文件名,它将作为被复制文件的新名字	import shutil shutil.copy("d:\\Python\\code\\实例 1. txt","e:\\Python\\") shutil.copy("d:\\Python\\code\\实例 1. txt","e:\\Python\\实例.py")
shutil. copytree (src, dst)	将路径 src 的所有文件和子目录,复制到路径 dst	import shutil shutil.copytree("d:\\Python\\code\\","e:\\Python\\")
shutil.move(src,dst)	将路径 src 处的文件和子目录移动到路径 dst 处	import shutil shutil.move("d:\\Python\\code\\","e:\\Python\\")
shutil.rmtree(path)	删除 path 处的目录,它包含的所有文件和目录都会被删除	import shutil shutil.rmtree("e:\\Python\\")

185

第 7 章

文件和目录操作

方法名	功能说明	使用示例
shutil. make _ archive (base_name, format, root _dir, base_dir)	创建压缩包并返回文件路径。 base_name：创建的目标文件名，包括路径；format：压缩包格式。'zip'、'tar'、'bztar' 或 'gztar' 中的一个；root_dir：打包时切换到的根路径，默认为当前路径；base_dir：开始打包的路径；该命令会对 base_dir 所指定的路径进行打包，默认值为 root_dir	import shutil shutil.make_archive("d:\\教材",'zip',"d:\\Python") 此时，d 盘下会得到一个压缩文件：教材.zip
shutil. unpack _ archive (压缩文档名, dst)	将压缩文档解压缩到路径 dst。若 dst 不存在，则创建	import shutil shutil.unpack_archive("d:\\教材.zip","e:\\Python")

7.7　文件的压缩与解压缩

我们经常在计算机中使用压缩文件，目前常见的文件压缩格式有.zip、.tar、.7z 以及 .rar 等。7.6 节中介绍的 shutil 模块中的相关方法可以实现文件的压缩与解压缩。Python 还提供了内置的标准压缩和解压缩模块，如 zipfile、tarfile、bz2、lgzip、lamz 以及 zlib。本节主要介绍如何使用 zipfile 和 tarfile 模块实现文件的压缩与解压缩。

7.7.1　zipfile 模块

zipfile 模块中常用的方法如表 7.7 所示。

视频讲解

表 7.7　zipfile 模块的常用方法

方法名	功能描述
zfobj = zipfile. ZipFile (filename [, mode[, compression[, allowZip64]]])	创建 ZipFile 文件对象 zfobj。filename：压缩文件名称；mode：默认值为'r'，表示打开已经存在的 zip 文件，'w'表示新建一个 zip 文件或者覆盖一个已经存在的 zip 文件，'a'表示将数据添加到 zip 文件中；compression：设置压缩格式，可选的值有 ZIP_DEFAULTED(开启压缩，压缩文件时必须指定)、ZIP_STORED 等；如果要操作的文件大小超过 2GB，须指定 allowZip64 为 TRUE；实际使用中，经常设置第 1、2、3 个参数即可
zipfile. is_zipfile(filename)	如果 filename 是一个 zipfile 模块可以读的.zip 归档文件则返回 True，否则返回 False

方法名	功能描述
zfobj. write(filename,arcname)	将 filename 写入到 zfobj 相关联的压缩文档中。 filename：要写入的文件的路径。 arcname：表示 filename 以 arcname 的名字添加到 zip 文件,如果省略,则以原文件名添加到压缩文件中
zfobj. close()	关闭压缩文件。压缩文件处理完毕后,必须关闭
zfobj. extract(member, path)	将一个压缩包文档中的文件 member 解压缩到指定路径 path。默认解压缩到当前目录
zfobj. extractall(path, members)	解压缩多个文件 members 到指定目录。 path：指定的解压目录; members：指定解压文件,如果省略,则默认解压全部文件
zfobj. printdir()	显示压缩包文档信息
zfobj. namelist()	获取.zip 压缩文档中的文件列表

常见的压缩文件应用操作有压缩和解压单个文件;压缩指定目录下的所有文件和解压指定压缩文档的所有文件;添加一个或多个文件到某个压缩文档中;查看压缩文档等。限于篇幅,本节只给出压缩和解压指定目录下的所有文件的应用实例。

【实例 7.15】 压缩指定目录下的文件。

源代码：

```
1    #压缩指定目录下的文件
2    import zipfile
3    import os
4
5    def zip_data(srcpath, targetpath):
6        zfobj = zipfile.ZipFile(targetpath, "w", zipfile.ZIP_DEFLATED)
7        filelist = os.listdir(srcpath)
8        for filename in filelist:
9            fullpath = os.path.join(srcpath, filename)
10           zfobj.write(fullpath)
11       zfobj.close()
12       print("文件压缩完毕!")
13
14   zip_data("e:\\教材", "e:\\教材.zip")
```

程序分析：

（1）程序第 2、3 行代码导入相关模块。

（2）第 5 行到第 12 行代码定义了一个实现压缩的函数 zip_data(),该函数有两个参数,srcpath 是要压缩的文件路径,targetpath 是压缩文件的路径。

（3）程序第 6 行代码调用 zipfile.ZipFile()方法创建了 zipfile.ZipFile 对象 zfobj,模式为"w"。

（4）第 7 行代码调用 os. listdir()方法返回 srcpath 下的文件和目录列表,保存到 filelist 中。

（5）第 8、9、10 行代码通过 for…in 循环,先得到 filelist 中每一个文件或目录的全路径 fullpath,然后通过 zfobj. write()方法将其写入压缩文件中。

188

（6）第 11 行代码关闭压缩文档。压缩文档必须关闭；否则，之前写入的文件不会真正写入磁盘。

（7）第 14 行代码调用 zip_data()函数，实现指定目录下所有文件的压缩。

【实例 7.16】 将指定目录下的压缩文档解压缩。

源代码：

```
1   import zipfile
2   def unzip_data(srcpath, targetpath):
3       if zipfile.is_zipfile(srcpath):
4           zfobj = zipfile.ZipFile(srcpath)
5           zfobj.extractall(targetpath)
6           zfobj.close()
7           print("文件已经解压完毕!")
8       else:
9           print("不是压缩文件!")
10
11  unzip_data("e:\\教材.zip", "e:\\")
```

程序分析：

（1）第 1 行代码导入 zipfile 模块。

（2）第 2～9 行定义了一个实现解压缩的函数 unzip_data，该函数有两个参数：srcpath 是压缩文件路径，targetpath 是要解压缩到的目标路径。

（3）第 3 行代码判断指定的要解压的文档是不是压缩文件。

（4）第 4 行代码调用 zipfile.ZipFile()方法创建 zipfile.ZipFile 对象 zfobj，模式默认为'r'。

（5）第 5 行代码通过 zfobj.extractall()方法，将压缩文档中的文件全部解压到 targetpath 中。

（6）第 6 行代码关闭压缩文档，第 11 行代码调用 unzip_data()函数，实现指定目录下压缩文档的解压缩。

视频讲解

7.7.2 tarfile 模块

tarfile 模块中常用的方法如表 7.8 所示。

表 7.8 tarfile 模块的常用方法

方法名	功能描述
tarobj＝tarfile.TarFile(filename, mode)	创建一个 TarFile 对象 tarobj，提供操作一个 tar 归档文件的接口。filename：压缩文件名称；mode：默认值为'r'，表示打开已经存在的 zip 文件,'w'表示新建一个 zip 文件或者覆盖一个已经存在的 zip 文件,'a'表示将数据添加到 zip 文件中
tarobj＝tarfile.open(filename, mode)	返回一个 TarFile 对象 tarobj。参数的含义同上

方法名	功能描述
tarfile. is_tarfile(filename)	如果 filename 是一个 tarfile 模块可以读的 tar 归档文件则返回 True,否则返回 False
tarobj. add(filename, arcname)	将 filename 写入 tarobj 相关联的压缩文档中。 filename：要写入的文件的路径； arcname：表示 filename 以 arcname 的名字添加到 zip 文件,如果省略,则以原文件名添加到压缩文件中
tarobj. close()	关闭压缩文件。压缩文件处理完毕后,必须关闭
tarobj. extract(member, path)	将一个压缩包文档中的文件 member 解压缩到指定路径 path。默认解压缩到当前目录
tarobj. extractall(path, members)	解压缩多个文件 members 到指定目录。 path：指定的解压目录； members：指定解压文件,如果省略,则默认解压全部文件
tarobj. getnames()	返回.tar 压缩文档中的的文件列表

可以看出,tarfile 模块中的类和方法与 zipfile 模块中的类似,用法也相似。读者对实例 7.15 和实例 7.16 中的代码稍加改动即可,此处不再赘述。

7.8 综合例子

视频讲解

【实例 7.17】 编程实现"学习强国"题目学习。已知题目存储在"F:\\Python\\example\\chp7"目录下名为"学习强国题目.csv"的文件中。内容如图 7.1 所示。请编写程序实现从文件中读取出题目答题,并进行对错统计。

题干	选项A	选项B	选项C	选项D	答案
根据《生产安全事故应急预案管理办法》,应急预案编制单位应当建立应急预案（ ）制度,对预案内容的针对性和实用性进行分析,并对应急预案是否需要修订作出结论。	定期评估	不定期评估	会审评价	综合评价	定期评估
安全生产举报投诉电话号码是（ ）。	12119	12350	12315	12120	12350
根据《地方党政领导干部安全生产责任制规定》,建立完善地方各级党委和政府（ ）考核制度,对下级党委和政府安全生产工作情况进行全面评价,将考核结果与有关地方党政领导干部履职评定挂钩。	安全生产责任	领导力	执行力	政治素养	安全生产责任
某职业技术学院要建设新的教学楼,根据《中华人民共和国防震减灾法》,该教学楼应按照（ ）当地房屋建筑的抗震设防要求进行设计和施工。	等于	低于	高于	不符合	高于
我国第一部新歌剧是由丁毅、贺敬之等人作词,马可等人作曲,王昆等人主演的（ ）,1945年在延安演出。	白毛女	梁祝	长恨歌	洪湖赤卫队	白毛女
张仲景"勤求古训,博采众方",其著作全面阐述了中医理论和治病原则。该著作是（ ）	千金方	本草纲目	黄帝内经	伤寒杂病论	伤寒杂病论
《中华人民共和国反恐怖主义法》规定,公安机关、国家安全机关和有关部门应当（ ）,加强基层基础工作,建立基层情报信息工作力量,提供反恐怖主义情报信息工作能力。	加强情报收集	利用网络大数据	依靠群众	依靠基础干部	依靠群众
中国现代空中力量的代表作,（ ）隐形战斗机,为第五代隐形战斗机,具备高隐身性,高态势感知,高机动性等性能,成为我国空军维护国家主权安全和领土完整的重要力量。	歼-20	歼-8	歼-10	歼-9	歼-20

图 7.1 "学习强国题目.csv 内容"示意图

算法分析：
(1)以'r'模式打开指定目录下的 csv 文件"学习强国题目.csv",生成题目列表 pls。
(2)调用 random 模块的 shuffle()方法,将题目列表打乱,将题干和 4 个选项生成

189

第7章

文件和目录操作

problems 列表,将答案生成 ans 列表。

(3) 答题者从 problems 列表中随机选择 n 道题目,进行答题。题目的选项也按随机排列。

(4) 统计答题正确的数目和错误的数目。

(5) 本题处理的是中文文本文件,所以要注意打开文件时将 encoding 参数设置为utf-8。

为了使程序具有通用性,定义了 getProblemList( )、createProblemsAndAnswers( )和answerProblems()函数,分别用来实现题目列表生成、试题列表和答案列表生成以及答题功能。

源代码:

```
1    import os
2    import csv
3    import random
4    import time
5    #定义函数打开文件,将题目集读成列表
6    def getProblemList(filename):
7        pls = []
8        with open(filename, 'r', encoding = 'utf - 8') as file:
9            reader = csv.reader(file)
10           next(reader)
11           for row in reader:
12               pls.append(row)
13       return pls
14   #定义函数,将列表中题目顺序打乱,返回随机出的试题及答案
15   def createProblemsAndAnswers(problemlist):
16       problems = []
17       ans = []
18       random.shuffle(problemlist)
19       for item in problemlist:
20           problems.append(item[: 5])
21           ans.append(item[ - 1])
22       return problems, ans
23   #答题函数
24   def answerProblems(problems, ans, n):
25       correct = 0
26       wrong = 0
27       for i in range(n):
28           qs = problems[i][0]   #题干
29           print(str(i + 1),".",qs)   #输出题干
30           items = problems[i][1: 5]   #选项
31           random.shuffle(items)
32           #输出选项
33           s = 'ABCD'
34           d = {'A': 0, 'B': 1, 'C': 2, 'D': 3}
35           for j in range(len(items)):
36               print(s[j] + ".", items[j])
37           choice = input("请输入你的选择: ")
```

```
38          while True:
39              if 'A' <= choice <= 'D' or 'a' <= choice <= 'd':
40                  chstr = items[d[choice.upper()]]
41                  break;
42              else:
43                  print("输入格式有误!")
44                  print("请输入你的选择: ")
45                  choice = input("请输入你的选择: ")
46          if chstr == ans[i]:
47              print("恭喜你,你答对了本题!")
48              correct += 1
49          else:
50              print("不好意思,你答错了本题!")
51              wrong += 1
52          time.sleep(1)
53          os.system("cls")
54      print("本次测试共有", str(correct + wrong), "题.")
55      print("你总共答对了", str(correct), "题!")
56      print("你总共答错了", str(wrong), "题!")
57      time.sleep(1)
58  #主程序
59  os.chdir("F:\\Python\\example\\chp7")
60  fn = "学习强国题目.csv"
61  n = 10
62  pls = getProblemList(fn)
63  problems, ans = createProblemsAndAnswers(pls)
64  answerProblems(problems, ans, n)
```

7.9 中国诗词大会——寻文化基因、品生活之美

视频讲解

7.9.1 案例背景

党的十八大以来,习近平总书记在多个场合谈到中国传统文化,表达了自己对传统文化、传统思想价值体系的认同与尊崇。2014年5月4日他与北京大学学子座谈,也多次提到核心价值观和文化自信。习近平总书记在国内外不同场合的活动与讲话中,展现了中国政府与人民的精神志气,提振了中华民族的文化自信。

《中国诗词大会》(Chinese Poetry Conference)是央视首档全民参与的诗词节目,节目以"赏中华诗词、寻文化基因、品生活之美"为基本宗旨,力求通过对诗词知识的比拼及赏析,带动全民重温那些曾经学过的古诗词,分享诗词之美,感受诗词之趣,从古人的智慧和情怀中汲取营养,涵养心灵。

截至2020年2月9日,《中国诗词大会》已经播出五季。节目中的选手来自各行各业,有用唱歌的方式教学生背诗的中学教师,也有用广东话朗诵诗词的图书编辑,有喜欢玩游戏的日语专业的大学生,也有失去了双臂的法律系大学生,有热爱诗词的警察,还有年轻情侣

一起来参赛的……《中国诗词大会》带动了全民学习、诵读古诗词的潮流。

《中国诗词大会》每场比赛都由个人追逐赛和擂主挑战赛两部分组成。个人追逐赛的题型有点字成诗（九宫格、十二宫格）、对句题、填字题和选择题等题型。擂主挑战赛由看图猜诗和线索题等题型。

下面通过 Python 文件和目录的相关知识，模拟《中国诗词大会》个人追逐赛，实现人人都能参加《中国诗词大会》！

7.9.2 案例任务

已经将个人追逐赛各种题型的题目分别存储在"F:\\Python\\example\\chp7"目录下的"点字成诗（九宫格）.csv""点字成诗（十二宫格）.csv""对句题（对上句或下句）.csv""填字题.csv"以及"选择题.cs"等文件中。编程实现一个模拟《中国诗词大会》个人追逐赛的Python 程序。

7.9.3 案例分析与实现

模拟《中国诗词大会》个人追逐赛的流程图如图 7.2 所示。

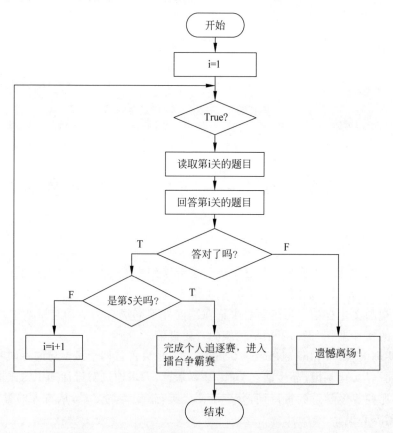

图 7.2　模拟《中国诗词大会》个人追逐赛流程图

参考代码如下：

```
1    import os
2    import csv
3    import random
4    import time
5
6    #定义函数,打开文件,将题目集读成列表
7    def getProblemList(filename):
8        pls = []
9        with open(filename, 'r') as file:
10           reader = csv.reader(file)
11           next(reader)
12           for row in reader:
13               pls.append(row)
14       return pls
15
16   #定义函数,将列表中题目顺序打乱,返回随机出的试题列表
17   def createProblemsAndAnswers(problemlist):
18       problems = []
19       random.shuffle(problemlist)
20       for item in problemlist:
21           problems.append(item[:-1])
22       return problems
23
24   #点字成诗(九宫格,十二宫格)答题函数
25   def answerDZCS(problems, n):
26       #随机从 problems 中选择出一道题,将字母分隔成列表,按每行 3 个的形式显示
27       random.shuffle(problems)
28       stem = problems[0][0].strip()      #取出题干
29       stem = list(stem)                   #将题干转换成列表
30       random.shuffle(stem)
31       m = (int)(n / 3)
32       for i in [0, m, 2 * m]:
33           for ch in stem[i: m + i]:
34               print(ch, end = '')
35           print()
36       print("请输入你的答案:")
37       answer = input()
38       return (answer == problems[0][1])
39
40   #对句题和填字题的答题函数
41   def answer(problems):
42       #随机从 problems 中选择出一道题
43       random.shuffle(problems)
44       stem = problems[0][0].strip()      #取出题干
45       print(stem)                         #输出题干
46       answer = input("请输入你的答案:")
47       return ("".join(answer.split()) == problems[0][1])
48
49   #对句题答题函数
```

```python
50    def answerDJT(problems):
51        return answer(problems)
52
53    #填字题答题函数
54    def answerTZT(problems):
55        return answer(problems)
56
57    #选择题答题函数
58    def answerXZT(problems):
59        #随机从 problems 中选择出一道题
60        random.shuffle(problems)
61        stem = problems[0][0].strip()   #题干
62        print(stem)   #输出题干
63        items = problems[0][1:4]   #选项
64        for j in range(len(items)):
65            print(items[j])
66        choice = input("请输入你的选择: \n")
67        if 'A' <= choice <= 'C' or 'a' <= choice <= 'c':
68            answer = choice.upper()
69        return answer == problems[0][4]
70
71    def answerProblems(problems, i):
72        if i == 1:   #九宫格
73            print("欢迎来到第 1 关: 点字成诗(九宫格)!")
74            ret = answerDZCS(problems, 9)
75        elif i == 2:   #十二宫格
76            print("欢迎来到第 2 关: 点字成诗(十二宫格)!")
77            ret = answerDZCS(problems, 12)
78        elif i == 3:   #对句题
79            print("欢迎来到第 3 关: 对句题!")
80            ret = answerDJT(problems)
81        elif i == 4:   #填字题
82            print("欢迎来到第 4 关: 填字题!")
83            ret = answerTZT(problems)
84        elif i == 5:   #选择题
85            print("欢迎来到第 5 关: 选择题!")
86            ret = answerXZT(problems)
87        return ret
88
89    #主程序
90    print("欢迎来到中国诗词模拟大会!")
91    print("欢迎参加个人追逐赛!")
92    os.chdir("F:\\Python\\example\\chp7")
93    fn = ["点字成诗(九宫格).csv", "点字成诗(十二宫格).csv", "对句题(对上句或下句).
94    csv", "填字题.csv", "选择题.csv"]
95    i = 1;
96    while True:
97        problems = getProblemList(fn[i - 1])
98        ret = answerProblems(problems, i)
```

```
 99  │        if ret:
100  │            if i == 5:
101  │                print("恭喜你,顺利完成个人追逐赛,进入擂台争霸赛!")
102  │                break;
103  │            print("恭喜你,答对了!")
104  │            print("欢迎进入下一关!")
105  │            i = i + 1
106  │            time.sleep(1)
107  │            os.system("cls")
108  │        else:
109  │            print("不好意思,你答错啦!")
110  │            print("遗憾离场!")
111  │            break
```

7.9.4　总结和启示

这个案例利用文件和目录的知识,模拟实现了《中国诗词大会》个人追逐赛的比赛过程。为了便于读取题目文件,程序第 92 行对当前目录进行了设置。读者可以根据自己计算机的目录情况设置当前目录。

《中国诗词大会》《中国成语大会》《中国谜语大会》等现象级综艺,使得喧嚣的现代社会与传统文化有了一次次美丽的"邂逅",中华文化基因逐渐苏醒,这危机中的微熹,则弥足珍贵。

现象级综艺背后的社会成因,在于人们对中国文化中最精致文字的膜拜心理,如今虽然浸淫于网络语汇,仍心向往之。借古诗词爆红的契机,期待能在全社会的努力下,改变古诗词整体教育氛围,有更多的人能感受到诗词的乐趣和文化内涵,丰富自身的精神生活。

特别到了今天,在创造了巨大的物质文明财富之后要着力补齐精神文明建设和社会主义核心价值观建设这个短板,在国家综合实力特别是国家硬实力得到迅速提升之后要着力补齐国家文化软实力这个短板,就必须开启当代中国的精神文化"寻根之旅"。正如习近平总书记所指出:"历史和现实都证明,中华民族有着强大的文化创造力。""没有中华文化繁荣兴盛,就没有中华民族伟大复兴。"

7.10　本章小结

所有的文件本质上都是二进制的字节串。

文件使用前要打开,然后进行读写操作,使用完毕后要关闭。

Python 通过一些标准模块或第三方模块来实现二进制文件的操作。

csv 文件是一种常见的文件格式,主要用于不同程序之间的数据交换。

os 及其子模块 os.path 和 shutil 模块提供了许多用于对文件和目录进行操作的方法。

zipfile 模块和 tarfile 模块是常用的文件压缩与解压缩模块。

7.11 巩 固 训 练

【训练 7.1】 将所有的 4 位"回文数"写入到文件 palindrome.txt 中,每行 10 个。("回文数"是一种特殊数字,即一个数字从左边读和从右边读的结果是一模一样的。)

【训练 7.2】 从键盘输入 n 个学生信息,包括学号、姓名、成绩。用 struct 方式保存到文件 students.bin 中。然后再将所有学生信息读取出来,并按照成绩从高到低排序,输出到屏幕上。

【训练战 7.3】 编写程序,先根据图 7.3 中的内容创建"学习强国学习平台使用情况.csv"文件,然后查询"商学院党总支"的平均参与度和人均积分。

党组织	平均参与度	人均积分
贾汪校区党委	100.00%	40
敬文书院党总	100.00%	42
化学与材料科学学院党委	99.76%	36
科文学院党委	99.14%	25
国际学院党总	97.75%	49
马克思主义学	97.62%	37
传媒与影视学	97.56%	43
商学院党委	95.37%	22
图书馆党总支	92.35%	40
生命科学学院	89.73%	25
继续教育学院党总支	89.29%	41

图 7.3 "学习强国"学习平台使用情况

【训练 7.4】 使用 tarfile 模块实现将指定目录下的文件压缩和解压缩。

第8章   异常处理

能力目标

【应知】 理解异常的概念、异常产生的原因；了解 Python 异常类的层次结构。

【应会】 掌握 try-except-finally 异常处理结构和主动抛出异常语句 raise；掌握自定义异常类的定义和使用；掌握断言的定义和使用。

【难点】 在项目实践中编写异常处理程序。

知识导图

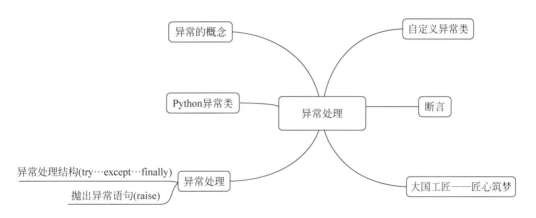

8.1　异常的概念

视频讲解

编写程序时，代码中即使没有语法错误、逻辑错误，运行时也可能会出现非正常情况，如除数为 0、文件不存在、网络链接断开等。这样的非正常情况就是异常（Exception）。

Python 提供了异常处理的机制。当异常发生时，程序会停止当前的所有工作，跳转到异常处理部分去执行。

【实例 8.1】 没有处理除数为 0 的异常。

源代码：

```
1    a = int(input("请输入被除数："))
2    b = int(input("请输入除数："))
3    result = a/b
4    print(result)
```

可以看出，实例 8.1 的代码没有语法错误和逻辑错误。

程序的一次运行结果：

```
请输入被除数: 5
请输入除数: 0
Traceback (most recent call last):
    File "D:/Python/异常处理/代码/实例 8.1.没有处理异常.py", line 3, in < module >
        result = a/b
ZeroDivisionError: division by zero
```

从运行结果可以看出，发生了除数为 0 的异常，异常类名为 ZeroDivisionError。因为整数相除时，除数为 0 是没有意义的。

视频讲解

8.2　Python 异常类

Python 的 异 常 类 层 次 结 构 中 BaseException 是 所 有 内 建 异 常 类 的 基 类。由 BaseException 类直接派生的类有 SystemExit（解释器请求退出）、KeyboardInterrupt（用户中断执行）、GeneratorExit（生成器发生异常通知退出）和 Exception（常见错误的基类）。

由 Exception 直接派生的类最多，该类的直接派生类 StopIteration（迭代器没有更多的值）、ArithmeticError（所有数值计算错误的基类）、AssertError（断言语句失败）等，都是常见的异常类型。

各个异常类的继承关系形成了一个树状的层次结构，部分异常类继承关系如图 8.1 所示。

图 8.1 中的异常类都是 Python 的内建异常类，除了内建异常类外，程序员还可以自定义异常类。

异常既可以是程序错误自动引发的，也可以是由代码主动触发的。

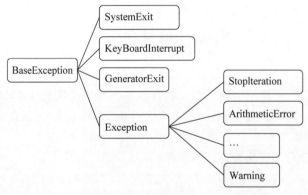

图 8.1　Python 部分内建异常类的继承层次图

8.3 异 常 处 理

8.3.1 异常处理结构

Python 的异常处理结构(try…except…finally)的语法格式如下:

```
try:
    …     ♯被检测的语句块
except ExceptionName1 [as 变量名 1]:
    …     ♯try 抛出 ExeceptionName1 类型的异常时的处理代码
[except ExceptionName2 [as 变量名 2]:
    …     ♯try 抛出 ExeceptionName2 类型的异常时的处理代码
except ExceptionName3 [as 变量名 3]:
    …     ♯try 抛出 ExeceptionName3 类型的异常时的处理代码
except ExceptionNameK1[as K1],ExceptionNameK2[as K2],…:
    …     ♯try 抛出 ExceptionNameK1,ExceptionNameK2,…中任何一种的异常时处理的代码
except:
    …  ♯若 try 抛出的异常和前面的类型都不匹配时的处理代码
]
[else:
    …     ♯try 中没有抛出异常时,执行的代码
]
[finally:
    …     ♯必须要执行的程序语句
]
```

其中,用 [] 括起来的为可选参数,ExceptionName1,ExceptionName2,…,ExceptionName K1,
…是可能产生异常类型名。

try 子句:指定了一段代码,该段代码可能会抛出 0 个、1 个或多个异常。

except 子句:用来捕获 try 子句中抛出的异常,每个 try 子句后面一般会有一个或多个
except 子句。ExceptionName1,ExceptionName2,…,ExceptionNameK1,…,ExceptionNameK2
用来说明各个 except 子句能捕获的异常类型。在这里,except 可以和 as 结合使用,在异常
类型名称后面可以指定一个变量名,将捕获到的异常对象赋给这个变量。

else 子句:except 子句后面可以有 0 个或者 1 个 else 子句。如果 try 中的代码抛出了
异常,并被某个 except 捕捉,则执行相应的异常处理代码。此时,不会执行 else 子句中的代
码;如果 try 代码块中没有抛出任何异常,则执行 else 子句中的代码块。

finally 子句:无论 try 子句中的代码块中是否抛出异常,都会执行 finally 子句中的语
句。通常在 finally 子句中进行资源清除的工作。

如果在执行 try 子句的过程中发生了异常,那么 try 子句余下的部分将被忽略。如果
异常的类型和 except 之后的名称相符,那么对应的 except 子句将被执行。

如果一个异常没有与任何的 except 匹配,那么这个异常将会传递给上层的 try 子
句中。

【**实例 8.2**】 处理不同类型的异常。

源代码：

```
1   try:
2       a = int(input("请输入被除数: "))
3       b = int(input("请输入除数: "))
4       result = a/b
5       print(result)
6   except ZeroDivisionError as zd:
7       print("发生了异常: {}".format(zd.args))
8   except ValueError:
9       print("发生了异常: {}".format(ValueError.__doc__))
10  except:
11      print("其他异常!")
12  else:
13      print("没有发生异常!")
14  finally:
15      print("请注意,除数不能为 0!")
```

多次运行实例 8.2,每次输入不同的操作数。

第 1 次,输入的除数不为 0,运行结果如下:

```
请输入被除数: 5
请输入除数: 4
1.25
没有发生异常!
请注意,除数不能为 0!
```

第 2 次,输入的除数为 0,运行结果如下:

```
请输入被除数: 5
请输入除数: 0
发生了异常: ('division by zero',)
请注意,除数不能为 0!
```

第 3 次,输入的被除数或者除数不是数字,运行结果如下:

```
请输入被除数: 5
请输入除数: a
发生了异常: Inappropriate argument value (of correct type).
请注意,除数不能为 0!
```

8.3.2　抛出异常语句

Python 会自动引发异常,也可以通过 raise 语句显式地引发异常。即使程序没有任何问题,使用 raise 语句也可以抛出异常。

rasie 语句用一般用在 try 子句的代码块中,用来抛出一个异常对象。程序一旦执行到了 raise 语句,它后面的语句将不再执行。

raise 语句的语法格式如下:

```
raise [ExceptionName [(description)]]
```

其中,ExceptionName 是异常的类型,如 ValueError;description 是异常的描述信息。如:

```
raise ValueError("必须输入数字")
```

【实例 8.3】 raise 语句抛出异常。
源代码:

```
1   try:
2       a = input("输入一个数:")
3       #判断用户输入的是否为数字
4       if(not a.isdigit()):
5           raise ValueError("a 必须是数字")
6   except Exception as e:
7       print(e)
8   else:
9       print("输入正确!")
```

程序的一次运行结果:

```
输入一个数:a
a 必须是数字
```

可以看到,当用户输入数据后,程序会进入 if 判断语句,如果输入的不是数字,则执行 raise 语句,抛出 ValueError 异常,抛出的异常被 except 子句捕获并处理。

8.4 自定义异常类

视频讲解

Python 内置的异常类能处理大多数常见的异常情况。但是,在开发程序时,程序可能会有内置的异常类考虑不到的情况。此时,编程者需要自己建立异常类型来处理程序中的特殊情况或建立个性化的异常类——自定义异常类。

自定义异常类必须继承 Exception 类。由于大多数内建异常类的名字都以 Error 结尾,因此,建议自定义异常类名以 Error 结尾,尽量跟内建的异常类命名一致。自定义异常同样要用 try…except…finally 捕获,但必须用 raise 语句抛出。

【实例 8.4】 自定义异常类 创建一个自定义异常类 AgeError,如果输入的年龄不到 7 岁,则抛出 AgeError 对象,输出"您的孩子还不到上小学的年龄!";否则,就继续执行程序。

源代码:

```
1    class AgeError(Exception):
2        def __init__(self,msg):
3            self.msg = msg
4        def __str__(self):
5            return self.msg
6    try:
7        age = int(input("输入孩子的年龄:"))
8        #判断用户输入的年龄是否合法
9        if(age < 7):
10           raise AgeError("您的孩子还不到上小学的年龄!")
11       if(age == 7):
12           print("欢迎报名上小学!")
13   except AgeError as e:
14       print(e)
```

程序分析:

(1) 第 1 行到第 5 行定义了自定义异常类:AgeError 是一个自定义异常类。其中,函数 __init__()将出错的提示信息赋给 self.msg 属性,__str__()函数返回出错信息。

(2) 第 9 行判断输入的孩子年龄是否小于 7 岁。第 10 行用 raise 语句主动抛出一个自定义异常类 AgeError 对象。

第 1 次运行,如果输入年龄为 4,运行结果:

```
输入孩子的年龄: 4
您的孩子还不到上小学的年龄!
```

第 2 次运行,如果输入年龄为 7,运行结果:

```
输入孩子的年龄: 7
欢迎报名上小学!
```

程序分析:

第 1 次运行程序,输入的年龄小于 7,执行 raise 语句,抛出 AgeError 异常,该异常被 except 捕捉,输出异常的信息;第 2 次运行程序,输入的年龄等于 7,则不会执行 raise 语句。

8.5 断 言

视频讲解

Python 用来处理程序在运行中出现的异常和错误有两种方法:一种是上面讲过的异常处理,另一种方法就是断言。

断言语句的语法格式如下:

```
assert condition[,description]
```

当 condition 为真时,什么都不做;如果 condition 为假,则抛出一个 AssertError 异常。

等同于：

```
if not condition:
    rasie AssertError
```

断言经常和异常处理结构结合使用。

【**实例 8.5**】 断言的使用 每一个银行账户有账号 id，余额 balance。对银行账户可以进行存钱 deposit，取钱 withdraw。存钱时，存入的钱数 inMoney 必须是正数；取钱时，取出的钱数 outMoney 必须小于余额 balance。编写程序，使用断言实现对存入和取出钱数的判断。

源代码：

```
1   class Account(object):
2       def __init__(self, id, balance):
3           self.id = id
4           self.balance = balance
5
6       def deposit(self, inMoney):
7           try:
8               assert inMoney > 0
9               self.balance += inMoney
10              print("你向账户成功存入",str(inMoney),"元!")
11          except:
12              print("存入的钱数必须大于 0!")
13
14      def withdraw(self, outMoney):
15          try:
16              assert outMoney > 0 and outMoney <= self.balance
17              self.balance -= outMoney
18              print("你从账户成功取出",str(outMoney),"元!")
19          except:
20              print("你的账户余额不足!")
21
22  if __name__ == "__main__":
23      account = Account("1001", 100)
24      account.deposit( - 10)
25      account.withdraw(200)
```

程序分析：

（1）第 1～20 行定义了一个 Account 类，该类中有 3 个成员方法：__init__()、deposit()、withdraw()方法。

（2）第 6～12 行代码是 Accout 类的 deposit()方法定义。利用断言对参数 inMoney 进行了判断：assert inMoney > 0。

（3）第 14～20 行的代码是 withdraw()方法的定义。利用断言对参数 outMoney 进行了判断：assert outMoney > 0 and outMoney <= self.balance。

（4）第 23 行代码中先创建了一个 Account 类的对象 account，账户为 1001，余额为 100

元。第 24 行代码向账户存入－10 元,此时,会抛出 AssertError 异常对象;第 25 行代码向账户取出 200 元,由于余额不足,也会抛出 AssertError 异常对象。

运行结果:

```
存入的钱数必须大于 0!
你的账户余额不足!
```

断言常用于测试程序。assert 语句中包含有测试条件,根据条件引发异常。

视频讲解

8.6 大国工匠——匠心筑梦

8.6.1 案例背景

2015 年"五一"劳动节开始,央视新闻推出八集系列节目——《大国工匠》。该系列节目讲述了 8 位不同岗位的劳动者用自己的灵巧双手,匠心筑梦的故事。

这群不平凡的劳动者在平凡岗位上,追求职业技能的完美和极致,最终脱颖而出,跻身"国宝级"技工行列,成为一个个领域不可或缺的人才。他们的文化程度不同,年龄有别,之所以能够匠心筑梦,凭的是传承和钻研,靠的是专注和磨炼。

在 2016 年的政府工作报告中,李克强总理提出"培育精益求精的工匠精神"。

在 IT 行业,也有许多不同的人,在自己的岗位上刻苦钻研,创新创造,实现梦想。密码学专家王小云院士就是其中的一位。在网络信息技术高度发展的时代,密码信息是国家各行各业发展的保障。王小云院士提出了一系列针对密码哈希函数的强大的密码分析方法,特别是模差分比特分析法。她的方法攻破了多个以前被普遍认为是安全的密码哈希函数标准,并变革了如何分析和设计新一代密码哈希函数标准。她的工作使工业界几乎所有软件系统中 MD5 和 SHA-1 哈希函数逐步淘汰。她的工作推动并帮助了新一代密码哈希函数标准的设计,包括 SHA-3、BLAKE2 和 SM3。她主持了中国国家标准密码哈希函数 SM3 的设计。自 2010 年发布以来,SM3 在我国金融、交通、电力、社保、教育等重要领域得到广泛使用。

学习程序设计,编写各种软件,更需要这种"精雕细琢、精益求精"工匠精神,从而使得软件实现要求的功能,完成预定的任务。

8.6.2 案例任务

我们经常登录各种软件系统,经常会遇到设置用户名和登录密码的情况。常规的用户名和登录密码强度规则如下:

(1) 用户名长度不少于 6 位。

(2) 密码长度不少于 8 位。

(3) 密码至少由以下 4 种符号中的 3 种组成:大写字母、小写字母、数字、其他特殊字符。

编写程序,对用户名和登录密码进行校验。自定义一个异常类 LoginError,当用户输入的用户名或者登录密码不合法时,就抛出自定义的 LoginError 异常对象,捕获并处理该异常。

8.6.3 案例分析与实现

分析：根据 Python 自 定 义 异 常 类 的 方 法，定 义 异 常 类 LoginError；函 数 ValidateUsernamePassword(username,password)对用户名和密码进行验证。先校验用户名和密码的长度。如果用户名长度或者密码的长度小于规定的长度，则抛出异常 LoginError；然后判断密码的符号组成，如果不符合密码的组成规则，则抛出异常 LoginError。

源代码：

```
1    # 自定义异常类 LoginError
2
3    class LoginError(Exception):
4        def __init__(self, msg):
5            Exception.__init__(self, msg)
6            self.msg = msg
7
8        def __str__(self):
9            return self.msg
10
11   # 验证用户名和密码的函数
12   def ValidateUsernamePassword(username, password):
13       try:
14           if len(username) < 6:
15               raise LoginError("用户名长度小于6!")
16           if len(password) < 8:
17               raise LoginError("密码长度小于8!")
18           flag = [False, False, False, False]
19           count = 0
20           for ch in password:
21               if ch >= 'A' and ch <= 'Z':
22                   flag[0] = True
23               elif ch >= 'a' and ch <= 'z':
24                   flag[1] = True
25               elif ch >= '0' and ch <= '9':
26                   flag[2] = True
27               else:
28                   flag[3] = True
29           for f in flag:
30               if f: count = count + 1;
31           if count < 3:
32               raise LoginError("设置的密码强度太低!\n密码应该至少由以下 4 种符号中
33   的 3 种组成: 大写字母、小写字母、数字、其他特殊字符。")
34           else:
35               print("设置的用户名和登录密码合法!")
36
37       except LoginError as e:
38           print(e)
```

```
39
40    # 主函数
41    def main():
42        username = input("请输入用户名: ")
43        password = input("请设置登录密码: ")
44        ValidateUsernamePassword(username, password)
45
46    if __name__ == "__main__":
47        main()
```

8.6.4 总结和启示

这个案例实现了用户名和登录密码合法性的校验。不同的密码系统对于密码强度有不同的要求。然而,即使再强的密码也有可能被偷取、破译或泄露。用户在设置密码时,应尽可能将密码设置得复杂、位数更长,并经常更换此类型的密码,才能让密码强度达到最高。

编写无错的程序是每个程序员的最大愿望。但是,随着应用程序的复杂性增加,无法保证程序代码绝对不会出错。所以,我们应当带着工匠精神去学习程序设计,去编写程序代码,尤其要考虑程序出错时,该如何处理,从而避免相应的损失。

8.7 本 章 小 结

异常发生在一个方法的执行过程中。

Python 的异常类层次结构中 BaseException 是所有内建异常类的基类。由 Exception 直接派生的类最多,该类的直接派生类 StopIteration(迭代器没有更多的值)、ArithmeticError(所有数值计算错误的基类)、AssertError(断言语句失败)等,都是常见的异常类型。

将可能会发生错误的语句块放在 try 块中,except 语句块用来捕捉 try 块中抛出的异常。无论 try 块中是否发生异常,finally 子句中的语句都会被执行。

8.8 巩 固 训 练

【训练 8.1】 (ValueError 异常)编写一个程序,提示用户输入两个整数,然后显示两个整数的和。如果输入数据的不正确,则显示相应的消息。

【训练 8.2】 (NameError 异常)编写一个程序,提示用户输入 a、b 的值,然后求它们的和。如果求得是 a+c 的和,则程序应该显示消息: name 'c' is not defined。

【训练 8.3】 (自定义异常 TriangleError)创建一个自定义异常类 TriangleError 类,如果三角形的 3 条边不满足任意两边之和大于第三边,则抛出 TriangleError 类的对象。

第9章 Python 综合应用实例

能力目标

【应知】 理解网络爬虫的基本流程；理解数据可视化的图表种类。

【应会】 掌握获取爬取动态数据的 API 接口的方法；掌握爬取数据、解析数据的方法；掌握保存爬取数据的方法；掌握数据可视化的方法。

【难点】 网络爬虫和个性化定制数据可视化图表在实际项目中的应用。

知识导图

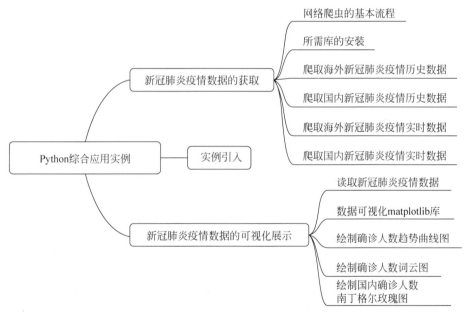

随着网络的迅速发展，万维网成为大量信息的载体，如何有效地提取并利用这些信息成为一个巨大的挑战。为了定向抓取相关网页的资源，网络爬虫应运而生。网络爬虫（又称为网页蜘蛛或网络机器人）是一种按照一定的规则，自动抓取万维网信息的程序或者脚本。可以使用 Python 编写爬虫程序，轻松获取所需信息；然后对爬取到的信息进行分析处理，并对处理结果进行可视化展示。

9.1 实 例 引 入

　　突如其来的新冠肺炎疫情是新中国成立以来传播速度最快、感染范围最广、防控难度最大的一次重大突发公共卫生事件。这场突如其来的疫情,让全国人民感受到病毒的无情,但同时也看到了全国上下一心、共同抗"疫"的感人场面。为了控制疫情,全国人民凝心聚力、攻坚克难,全力抗击疫情。广大"白衣天使"和无数专家学者逆向而行,日夜奋战在疫情防控阻击战一线,成为最勇敢的"逆行者"。在疫情防控中涌现出无数可歌可泣的事迹,生动展现了中华优秀文化和社会主义核心价值观的力量,汇聚成伟大的抗疫精神。一个个动人事迹所汇聚而成的磅礴的抗疫力量,是抗疫取得重大战略成果不可或缺的精神支柱,也是新时代重要的精神财富。

　　在这次抗疫斗争中,十四亿中国人民显示出高度的责任意识、自律观念、奉献精神、友爱情怀,铸就起团结一心、众志成城的强大精神防线,彰显了中国共产党领导和中国特色社会主义制度的显著优势,展现了中华民族团结奋斗、自强不息的伟大精神,唱响了中国人民风雨同舟、和衷共济的英雄凯歌。这是爱国主义、集体主义、社会主义精神的传承和发展,是中国精神的生动诠释,丰富了民族精神和时代精神的内涵。中国的抗疫斗争充分展现了中国精神、中国力量、中国担当。无论国际政界领袖、医疗权威,还是学界名人都对中国制度的效率由衷钦佩。

　　习近平总书记在全国抗击新冠肺炎疫情表彰大会上讲到抗击新冠肺炎疫情斗争取得重大战略成果,充分展现了中国共产党领导和我国社会主义制度的显著优势,充分展现了中国人民和中华民族的伟大力量,充分展现了中华文明的深厚底蕴,充分展现了中国负责任大国的自觉担当,极大增强了全党全国各族人民的自信心和自豪感、凝聚力和向心力,必将激励我们在新时代新征程上披荆斩棘奋勇前进。在这场同严重疫情的殊死较量中,中国人民和中华民族以敢于斗争、敢于胜利的大无畏气概,铸就了生命至上、举国同心、舍生忘死、尊重科学、命运与共的伟大抗疫精神。

　　这是一场全球性的灾难,能否有效应对这场重大疫情,是对世界各国制度的严峻考验。中国制度的抗疫优势更加明显,率先打赢了疫情防控阻击战;新冠病毒感染率远远低于世界平均感染率;治愈率远远高于世界平均治愈率,创造了人类与传染病斗争史上的奇迹。

　　中国在"生命至上、举国同心、舍生忘死、尊重科学、命运与共"的20字抗疫精神的指导下,经过全国上下的努力,疫情已经比较稳定。但海外的疫情还没有得到有效控制。为了迅速了解国内、海外的疫情发展信息,本章通过 Python 的爬虫技术和数据可视化技术,对国内外疫情数据进行多角度、多形式的数据可视化显示。

　　本章实例基于 Windows 7 操作系统和 Python 3.7 实现。

9.2 新冠肺炎疫情数据的获取

　　国内的疫情数据,最权威的来源是中华人民共和国国家卫生健康委员会(简称卫健委),中国卫健委以及各省市的卫健委每天早上都会发布详细的疫情通告;国外的疫情数据,各国的 CDC(疾控中心)都会发布类似的信息。如果直接从这些网站上去抓取信息并解析出来，工作量将会非常大。庆幸的是，有一些公司或机构已经整理了这些数据，并提供了获取数据的 API 接口。本章使用腾讯 https://news.qq.com/zt2020/page/feiyan.htm♯网站提供的 API 接口爬取数据。

9.2.1 网络爬虫的基本流程

1. 发起请求

通过 HTTP 库向目标站点发起请求，即发送一个 Request，请求可以包含额外的 header、data 等信息，然后等待服务器响应。

2. 获取响应内容

如果服务器能正常响应，会得到一个 Response，Response 的内容便是所要获取的页面内容，类型可能是 HTML、JSON 字符串、二进制数据（图片或者视频）等类型。

3. 解析内容

得到的内容如果是 HTML，则可以用正则表达式 RE、网页解析库 BeautifulSoup 进行解析；如果是 JSON，则可以直接转换为 JSON 对象解析；如果是二进制数据，则可以先保存起来，再做进一步的处理。

4. 保存数据

数据的保存形式多样。可以把数据保存为文本，也可以把数据保存到数据库，或者把数据保存为特定的 jpg、mp4 等格式的文件。

9.2.2 所需库的安装

在使用网络爬虫获取数据之前，需要先安装好所需的 requests、json、pandas、xlrd、xlwt、xlutils 库。

1. requests 库

1）requests 库的安装

requests 是 Python 实现 HTTP 网络请求常见的一种方式，requests 是第三方模块，需要先安装才能使用，具体步骤如下：

（1）在"开始"→"所有程序"→"附件"→"命令提示符"中，右击"命令提示符"，在弹出的快捷菜单中选择"以管理员身份运行"命令，打开命令提示符窗口，如图 9.1 所示。

图 9.1　以管理员身份打开命令提示符窗口

Python 综合应用实例

(2) 在命令提示符窗口中,输入 pip install requests,安装 requests 库,如图 9.2 所示。

图 9.2　安装 requests 库

(3) 测试 requests 库是否安装成功。在 Python 命令行方式下,依次输入如下 3 条语句:

```
>>> import requests
>>> r = requests.get("http://www.baidu.com")
>>> r = print(r.status_code)
```

如果输出 200,则表示安装成功,如图 9.3 所示。

图 9.3　测试 requests 库是否安装成功

2) requests 库的主要方法

requests 库的主要方法如表 9.1 所示。

表 9.1　requests 库的主要方法

方　　法	说　　明
requests. request()	构造一个请求,支撑以下各方法的基础方法
requests. get()	获取 HTML 网页的主要方法,对应于 HTTP 的 GET
requests. head()	获取 HTML 网页头信息的方法,对应于 HTTP 的 HEAD
requests. post()	向 HTML 网页提交 POST 请求的方法,对应于 HTTP 的 POST
requests. put()	向 HTML 网页提交 PUT 请求的方法,对应于 HTTP 的 PUT
requests. patch()	向 HTML 网页提交局部修改请求,对应于 HTTP 的 PATCH
requests. delete()	向 HTML 页面提交删除请求,对应于 HTTP 的 DELETE

2. json 库

1) json 库简介

json 库可以从字符串或文件中解析 JSON,解析 JSON 后将其转为 Python 字典或者列表;json 库也可以转换 Python 字典或列表为 JSON 字符串。其中常用的方法有 dumps() 和 loads()。通过 json 中的 loads() 方法,可以将 json 编码的字符串转变成 Python 中的字典对象;使用 dumps() 方法可以将 Python 对象转变成 json 字符串。

2) json 库的安装

json 是第三方模块，需要先安装才能使用，具体步骤如下：

（1）按 Win+R 键打开"运行"对话框，输入 cmd，打开命令行窗口，如图 9.4 所示。

图 9.4　输入 cmd 打开命令行窗口

（2）使用 cd 命令进入 Python 安装目录的 Scripts 目录中，比如"F:\Program Files\Python\Scripts"，然后执行 pip install json 安装 json 库，如图 9.5 所示。

图 9.5　安装 json 库

3. pandas 库

1) pandas 库简介

pandas 是开源的（BSD-licensed）Python 库，提供易于使用的数据结构和数据分析工具。

pandas 可以处理如下不同类型的数据：

（1）表格数据——表格的各个列，可以具有不同的类型，类似于 SQL 数据库的表格或者 Excel 电子表格。

（2）时间序列数据——pandas 支持有序（ordered）和无序（unordered）的时间序列数据的处理，时间序列数据无须是固定频率（Fixed-Frequency）的数据。

（3）矩阵——pandas 支持异构数据类型的矩阵，可以设定行和列的标签（Label，即行、列的名称）。

（4）其他各类统计数据集（Statistical Dataset）。

pandas 支持的数据结构主要有：

（1）Series——一维数组，与 Numpy 中的一维数组 Array 类似，二者与 Python 的列表 List 也很相近。区别在于，List 中的元素可以是不同的数据类型，而 Array 和 Series 中的元素只允许存储相同数据类型的元素，这样可以更有效地使用内存，提高运算效率。

（2）Time Series——以时间为索引的 Series。

（3）DataFrame——二维的表格型数据结构。可以将 DataFrame 理解为 Series 的容器。

（4）Panel——三维数组，可以理解为 DataFrame 的容器。

2）pandas 库的安装

pandas 库的安装步骤类似于 json 库。按 Win＋R 键打开"运行"对话框，输入 cmd，打开命令行窗口，使用 cd 命令进入 Python 安装目录的 Scripts 目录中，比如"F:\Program Files\Python\Scripts"，在命令行窗口中输入 pip install pandas 进行安装，如图 9.6 所示。

图 9.6 安装 pandas 库

4. xlrd、xlwt、xlutils 库

如果爬取到的数据要保存到 Excel 文件中，那么操作.xls 格式的 Excel 文件时需要用到 xlrd、xlwt 和 xlutils 库。

1）xlrd 库

xlrd 库实现对 Excel 文件内容的读取。使用 open_workbook()方法可以打开已经存在的 Excel 文件，其语法格式如下：

```
xlrd.open_workbook(r'原文件的路径 + 文件名', formatting_info = True)
```

其中，formatting_info ＝ True 表示保留工作簿中的格式。

2）xlwt 库

xlwt 库实现对 Excel 文件的写入，具体步骤如下：

（1）使用 Workbook()方法创建一个工作簿，工作簿编码默认格式是 ASCII，为了方便写入中文，需要把工作簿编码设置为 utf-8。比如，创建一个名为 wb 的工作簿，创建语句如下：

```
wb = xlwt.Workbook(encoding = "utf - 8")
```

（2）在 wb 工作簿中，使用 add_sheet()方法创建一个名为 sheet 的工作表，创建语句如下：

```
sheet = wb.add_sheet('工作表名称')
```

（3）使用 save()方法保存 Excel 文件，比如，保存的 Excel 文件名为 xlwt_test，保存语句如下：

```
wb.save("xlwt_test.xls")
```

3）xlutils 库

使用 xlutils 库可以实现向已存在的 Excel 表中追加写入数据。

4）xlrd、xlwt、xlutils 库的安装

在命令行窗口中,依次输入如下命令进行安装:

```
pip install xlrd
pip install xlwt
pip install xlutils
```

9.2.3 爬取海外新冠肺炎疫情历史数据

1. 获取海外疫情历史数据接口

获取海外各国疫情历史数据接口的具体步骤如下:

（1）使用 360 极速浏览器打开 https://news.qq.com/zt2020/page/feiyan.htm#/global 网页,拖动右侧滚动条到如图 9.7 所示的位置。

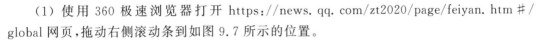

海外疫情		按大洲查看	按国家查看		
地区	新增确诊	累计确诊	治愈	死亡	疫情
美国	51531	8090250	5226423	220873	详情
印度	55342	7175880	6227295	109856	详情

图 9.7　按国家查看海外疫情信息

（2）在网页上右击,在弹出的快捷菜单中单击"审查元素"命令,如图 9.8 所示,打开如图 9.9 所示的"开发者工具"。

海外疫情				按大洲查看	按国家查看
	返回(B)	Alt+←			
	前进(O)	Alt+→			
	重新加载(R)	Ctrl+R			
地区			治愈	死亡	疫情
	网页另存为(S)...	Ctrl+S			
	复制网页地址				
	添加到收藏夹(F)...				
美国	切换兼容性模式	＞	704536	306154	详情
	全选(A)	Ctrl+A			
	查找...	Ctrl+F			
印度	打印(I)...	Ctrl+P	357464	143019	详情
	翻成中文（简体）(T)	＞			
	编码(E)	＞			
巴西	查看网页源代码(V)	Ctrl+U	138349	181402	详情
	审查元素(N)	Ctrl+Shift+I			
	属性(P)				
俄罗斯	27651	2629699	2086887	46404	详情
法国	25357	2430612	182685	58015	详情

图 9.8　打开"开发者工具"

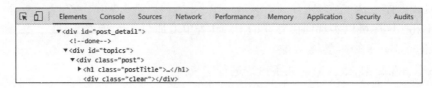

图 9.9 开发者工具

注意：不同的浏览器打开"开发者工具"的方式不一样，比如谷歌 Chrome 浏览器，使用功能键 F12 或在右键快捷菜单中单击"检查"命令打开。

(3) 在"开发者工具"中单击 Network 选项卡，可以查看页面请求加载的信息；然后选择 XHR 过滤规则，可以查看 XHR 的请求，一般是一些 Ajax URL 响应或界面的 url 请求。

以"美国"为例，单击"详情"，如图 9.10 所示。然后刷新网页，在"开发者工具"的 Name 中选择"list? country"，单击 Response 响应事件，可以看到响应数据为美国从 2020 年 1 月 28 日至系统当前日期的疫情数据，具体包括确诊新增（confirm_add）、确诊（confirm）、治愈（heal）和死亡（dead）的数据，如图 9.11 所示。

图 9.10 查看美国疫情数据

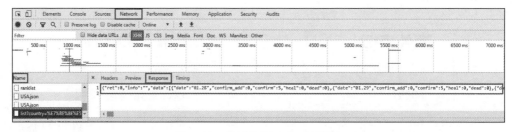

图 9.11 美国的"Response"数据

单击 Headers 获得完整的请求美国新冠肺炎疫情历史数据的 URL 地址：https://api. inews. qq. com/newsqa/v1/automation/foreign/daily/list? country＝％E7％BE％8E％ E5％9B％BD&，％E7％BE％8E％E5％9B％BD& 是国家的名称，可以替换成任何一个需要爬取数据的国家名称，如图 9.12 所示。

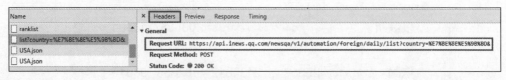

图 9.12 美国疫情历史数据的 URL 地址

2. 爬取数据

根据以上方法得到的 API 接口每次只能爬取一个国家的历史数据，为了得到海外所有国家的数据，需要得到海外各个国家的名称。

https://view.inews.qq.com/g2/getOnsInfo? name = disease_foreign 返回的数据中包含所有国家的名称。

获取海外国家名称以及国家所属洲名称的参考代码如下：

```
1   import requests
2   import json
3   url = 'https://view.inews.qq.com/g2/getOnsInfo?name = disease_foreign'
4   r1 = requests.get(url,verify = True)
5   #将 json 数据转化为数据字典
6   foreign_dict1 = json.loads(r1.text)
7   #取出 data 数据
8   r2 = foreign_dict1['data']
9   #将 json 数据转化为数据字典
10  foreign_dict2 = json.loads(r2)
11  #取出 foreignList 数据,取出的数据是列表
12  foreignList = foreign_dict2["foreignList"]
13  #从 foreignList 列表中抽取国家名称和所属洲名称放入 foreignnameList 列表中
14  foreignnameList = []
15  for i in range(len(foreignList)):
16      dict = {}
17      dict['name'] = foreignList[i]['name']
18      dict['continent'] = foreignList[i]['continent']
19      foreignnameList.append(dict)
20  print(foreignnameList)
```

部分运行结果：

```
[{'name': '美国', 'continent': '北美洲'}, {'name': '西班牙', 'continent': '欧洲'}, {'name': '秘鲁', 'continent': '南美洲'}, {'name': '英国', 'continent': '欧洲'}, {'name': '意大利', 'continent': '欧洲'}, {'name': '德国', 'continent': '欧洲'}, {'name': '伊朗', 'continent': '亚洲'}, {'name': '加拿大', 'continent': '北美洲'}, {'name': '法国', 'continent': '欧洲'}, {'name': '瑞士', 'continent': '欧洲'}, {'name': '奥地利', 'continent': '欧洲'}, {'name': '比利时', 'continent': '欧洲'}, {'name': '荷兰', 'continent': '欧洲'}, {'name': '韩国', 'continent': '亚洲'}, {'name': '土耳其', 'continent': '亚洲'}, {'name': '塞尔维亚', 'continent': '欧洲'}, {'name': '葡萄牙', 'continent': '欧洲'}, {'name': '以色列', 'continent': '亚洲'}, {'name': '挪威', 'continent': '欧洲'}, {'name': '巴西', 'continent': '南美洲'},
```

爬取海外各个国家疫情历史数据的参考代码如下：

```
1   #把爬取到的数据以字典形式保存到 foreign_data 中
2   foreign_data = {}
3   for i in foreignnameList:
4       url = 'https://api.inews.qq.com/newsqa/v1/automation/foreign/daily/list?country = {}'.format(i['name'])
```

216

```
5      r = requests.get(url)
6      #将 json 数据转化为数据字典的形式
7      content = json.loads(r.text)['data']
8      foreign_data[i['name']] = content
9  foreign_data
```

部分运行结果：

```
{'美国': [{'date': '01.28', 'confirm_add': 0, 'confirm': 5, 'heal': 0, 'dead': 0},
   {'date': '01.29', 'confirm_add': 0, 'confirm': 5, 'heal': 0, 'dead': 0},
   {'date': '01.30', 'confirm_add': 1, 'confirm': 6, 'heal': 0, 'dead': 0},
   {'date': '01.31', 'confirm_add': 0, 'confirm': 6, 'heal': 0, 'dead': 0},
   {'date': '02.01', 'confirm_add': 1, 'confirm': 7, 'heal': 0, 'dead': 0},
   {'date': '02.02', 'confirm_add': 1, 'confirm': 8, 'heal': 0, 'dead': 0},
   {'date': '02.03', 'confirm_add': 3, 'confirm': 11, 'heal': 1, 'dead': 0},
```

3. 保存数据

把爬取到的数据保存到"F:\Python\example\chp9\foreign. xls"文件中。运行代码之前，需要在"F:\Python\example\chp9"文件夹下新建一个名为 foreign. xls 的 Excel 文件。参考代码如下：

```
1  import xlwt
2  import xlrd
3  workbook = xlwt.Workbook(encoding = 'utf - 8')
4  worksheet = workbook.add_sheet('mysheet')
5  for i in foreign_data.keys():
6      wb = xlrd.open_workbook('F:\\Python\\example\\chp9\\foreign.xls')
7      tabsheet = wb.sheets()[0]
8      k = tabsheet.nrows
9      for h in foreignnameList:
10         if h['name'] == i:
11             continent = h['continent']
12             break
13     for t, j in enumerate(foreign_data[i]):
14         worksheet.write(k + t, 0, i)
15         worksheet.write(k + t, 1, continent)
16         worksheet.write(k + t, 2, '2020.' + str(j['date']))
17         worksheet.write(k + t, 3, j['confirm_add'])
18         worksheet.write(k + t, 4, j['confirm'])
19         worksheet.write(k + t, 5, j['heal'])
20         worksheet.write(k + t, 6, j['dead'])
21     workbook.save('F:\\Python\\example\\chp9\\foreign.xls')
```

视频讲解

9.2.4 爬取国内新冠肺炎疫情历史数据

国内各省(包括省、直辖市、自治区、特别行政区，简称省)疫情历史数据获取的步骤与海外各国疫情历史数据获取的步骤相似。

1. 获取中国和各省新冠肺炎疫情历史数据接口

获取各省新冠肺炎疫情历史数据的 URL 地址与获取中国汇总数据的 URL 地址不一样,需要分别获取。

1) 获取各省新冠肺炎疫情历史数据接口

在 360 极速浏览器中打开 https://news. qq. com/zt2020/page/feiyan. htm ♯/? nojump=1 网页,右击,在弹出的快捷菜单中单击"审查元素"命令,打开"开发者工具"。以新疆为例,单击"详情",刷新网页,在"开发者工具"中选择 Name 下方的"list? province",单击"Response"发现响应数据为新疆从 2020 年 1 月 20 日至系统当前日期的疫情数据,包括 confirm、dead、heal、confirm_add、confirm_cuts、dead_cuts、now_confirm_cuts、heal_cuts、newConfirm、newHeal、newDead、description 等数据项。

单击 Headers 获得完整的请求新疆新冠肺炎疫情历史数据的 URL 地址:https://api. inews. qq. com/newsqa/v1/query/pubished/daily/list? province = %E6%96%B0%E7%96%86&,如图 9.13 所示。%E6%96%B0%E7%96%86& 是省份的名称,可以替换成任何一个需要爬取数据的省份名称。

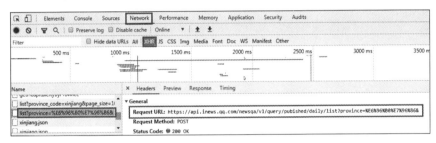

图 9.13　新疆疫情历史数据的 URL 地址

2) 获取中国新冠肺炎疫情历史数据接口

单击"国内疫情",刷新网页。在"开发者工具"中选择 Name 下方的第一项"list? modules=chinaDayList",单击 Headers 获取中国疫情历史数据的 URL 地址:https://api. inews. qq. com/newsqa/v1/query/inner/publish/modules/list? modules = chinaDayList, chinaDayAddList, cityStatis,nowConfirmStatis,provinceCompare,如图 9.14 所示。

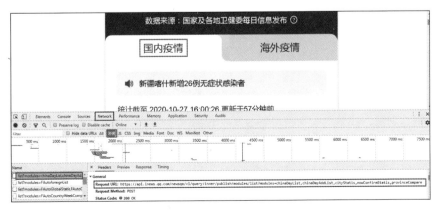

图 9.14　中国疫情历史数据的 URL 地址

2. 爬取数据

通过如下的 API 接口：https://api.inews.qq.com/newsqa/v1/query/inner/publish/modules/list? modules＝chinaDayList，爬取中国从 2020 年 1 月 13 日以来的历史数据，结果放入 china_data 字典中。参考代码如下：

```
1   import requests
2   import json
3   china_data = {}
4   url = 'https://api.inews.qq.com/newsqa/v1/query/inner/publish/modules/list?modules
    = chinaDayList'
5   r1 = requests.get(url)
6   #将所有 JSON 数据转化为数据字典的形式
7   content = json.loads(r1.text)['data']
8   #增加每天新增人数
9   content1 = content["chinaDayList"]
10  content1[0]['confirm_add'] = 0
11  for i in range(0,len(content1) - 1):
12      content1[i + 1]['confirm_add'] = content1[i + 1]['confirm'] - content1[i]['confirm']
13  china_data['中国'] = content1
14  print(china_data)
```

部分运行结果：

```
{'中国': [{'importedCase': 0, 'healRate': '0.0', 'noInfect': 0, 'suspect': 0, 'nowSevere': 0,
'heal': 0, 'nowConfirm': 0, 'deadRate': '2.4', 'date': '01.13', 'confirm': 41, 'dead': 1, 'confirm_
add': 0}, {'suspect': 0, 'heal': 0, 'nowConfirm': 0, 'nowSevere': 0, 'healRate': '0.0', 'confirm':
41, 'dead': 1, 'importedCase': 0, 'deadRate': '2.4', 'date': '01.14', 'noInfect': 0, 'confirm_
add': 0}
```

通过如下的 API 接口：https://view.inews.qq.com/g2/getOnsInfo? name＝disease_h5，爬取各省的名称，参考代码如下：

```
1   import requests
2   import json
3   url = 'https://view.inews.qq.com/g2/getOnsInfo?name = disease_h5'
4   r1 = requests.get(url,verify = True)
5   #将 JSON 数据转化为数据字典
6   dict1 = json.loads(r1.text)
7   #取出 data 数据
8   r2 = dict1['data']
9   #将 JSON 数据转化为数据字典
10  dict2 = json.loads(r2)
11  #取出 children 数据,取出的数据是列表
12  r3 = dict2['areaTree'][0]["children"]
13  #从 r3 列表中抽取各省的名称,以字典类型放入 provinceList 列表中
14  provinceList = []
15  for i in range(len(r3)):
```

```
16        dict = {}
17        dict['name'] = r3[i]['name']
18        provinceList.append(dict)
19   print( provinceList)
```

运行结果：

```
[{'name': '香港'}, {'name': '上海'}, {'name': '台湾'}, {'name': '广东'}, {'name': '四川'}, {'name':
'陕西'}, {'name': '福建'}, {'name': '天津'}, {'name': '山东'}, {'name': '内蒙古'}, {'name': '辽
宁'}, {'name': '山西'}, {'name': '河北'}, {'name': '重庆'}, {'name': '北京'}, {'name': '江苏'},
{'name': '河南'}, {'name': '浙江'}, {'name': '云南'}, {'name': '黑龙江'}, {'name': '青海'}, {'name': '海
南'}, {'name': '广西'}, {'name': '澳门'}, {'name': '吉林'}, {'name': '新疆'}, {'name': '湖北'}, {'name':
'甘肃'}, {'name': '西藏'}, {'name': '江西'}, {'name': '安徽'}, {'name': '湖南'}, {'name': '贵州'},
{'name': '宁夏'}]
```

通过如下的 API 接口：https://api.inews.qq.com/newsqa/v1/query/pubished/daily/
list? province，爬取各省疫情历史数据，追加放入 china_data 字典中，参考代码如下：

```
1   for i in provinceList:
2       url = 'https://api.inews.qq.com/newsqa/v1/query/pubished/daily/list? province =
    {}'.format(i['name'])
3       r = requests.get(url)
4       #将所有 JSON 数据转化为数据字典的形式
5       content = json.loads(r.text)['data']
6       china_data[i['name']] = content
```

3. 保存数据

爬取到的数据包含一些不需要的数据项，从中筛选出"省份和地区名称（name）""日期
（date）"" 新增病例（confirm_add）""确诊人数（confirm）""治愈病例（heal）"和"死亡病例
（dead）"等信息保存到"F:\Python\example\chp9\china.xls"文件中。运行代码之前，需要
在"F:\Python\example\chp9"文件夹下新建一个名为 china.xls 的 Excel 文件。参考代码
如下：

```
1    import xlwt
2    import xlrd
3    workbook = xlwt.Workbook(encoding = 'utf - 8')
4    worksheet = workbook.add_sheet('mysheet')
5    for i in china_data.keys():
6        wb = xlrd.open_workbook('F:\Python\example\chp9\china.xls')
7        tabsheet = wb.sheets()[0]
8        k = tabsheet.nrows
9        for t,j in enumerate(china_data[i]):
10           worksheet.write(k + t,0,i)
```

```
11    worksheet.write(k + t, 1, '2020.' + str(j['date']))
12    worksheet.write(k + t, 2, j['confirm_add'])
13    worksheet.write(k + t, 3, j['confirm'])
14    worksheet.write(k + t, 4, j['heal'])
15    worksheet.write(k + t, 5, j['dead'])
16   workbook.save('F:\Python\example\chp9\china.xls')
```

视频讲解

9.2.5 爬取海外新冠肺炎疫情实时数据

1. 获取新冠肺炎疫情实时数据接口

在 360 极速浏览器中打开 https://news.qq.com/zt2020/page/feiyan.htm♯/global?pool=bj 网页，右击，在弹出的快捷菜单中单击"审查元素"命令，打开"开发者工具"。单击"海外疫情"，刷新网页，在"开发者工具"中选择 Name 下方的 ranklist，单击 Headers，即可获得完整的请求新冠肺炎疫情实时数据的 URL 地址：https://api.inews.qq.com/newsqa/v1/automation/foreign/country/ranklist，如图 9.15 所示。

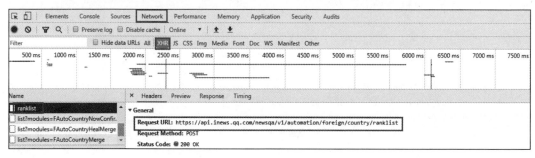

图 9.15 海外疫情实时数据的 URL 地址

2. 爬取数据

得到了请求地址后，使用 requests 库的 get()方法，构造一个向服务器请求资源的 Request 对象，请求成功后返回一个包含服务器资源的 Response 对象，Response 对象包含爬虫返回的内容，参考代码如下：

```
1    import requests
2    import json
3    url = 'https://api.inews.qq.com/newsqa/v1/automation/foreign/country/ranklist'
4    r = requests.get(url, verify = True)
5    ♯将 JSON 数据转化为数据字典
6    foreign_dict = json.loads(r.text)
7    ♯查看爬虫得到的数据
8    print(foreign_dict)
```

部分运行结果：

{'ret': 0, 'info': '', 'data': [{'name': '美国', 'continent': '北美洲', 'date': '10.27', 'isUpdated': True, 'confirmAdd': 69841, 'confirmAddCut': 0, 'confirm': 8962783, 'suspect': 0, 'dead': 231045, 'heal': 5833824, 'nowConfirm': 2897914, 'confirmCompare': 73604, 'nowConfirmCompare': 11743, 'healCompare': 61326, 'deadCompare': 535}, {'name': '印度', 'continent': '亚洲', 'date': '10.27', 'isUpdated': False, 'confirmAdd': 36470, 'confirmAddCut': 0, 'confirm': 7946429, 'suspect': 0, 'dead': 119502, 'heal': 7201070, 'nowConfirm': 625857, 'confirmCompare': 36470, 'nowConfirmCompare': − 27860, 'healCompare': 63842, 'deadCompare': 488},

3. 处理数据

从获得的数据中筛选出需要的如下字段信息: name、continent、date、confirmAdd、confirm、heal 和 dead,处理数据的参考代码如下:

```
1    #将 pandas 包用别名 pd 表示
2    import pandas as pd
3    foreign_data = pd.DataFrame(columns = ['国家和地区','所属洲','日期','新增病例','确诊人数','治愈病例','死亡病例'])
4    for i in range(len(foreign_dict ['data'])):
5        foreign_data.loc[i + 1] = [foreign_dict['data'][i]['name'],
6                                   foreign_dict['data'][i]['continent'],
7                                   '2020.' + foreign_dict['data'][i]['date'],
8                                   foreign_dict['data'][i]['confirmAdd'],
9                                   foreign_dict['data'][i]['confirm'],
10                                  foreign_dict['data'][i]['heal'],
11                                  foreign_dict['data'][i]['dead']]
12   foreign_data
```

部分运行结果如图 9.16 所示。

	国家和地区	所属洲	日期	新增病例	确诊人数	治愈病例	死亡病例
1	美国	北美洲	10.27	69841	8962783	5833824	231045
2	印度	亚洲	10.27	36470	7946429	7201070	119502
3	巴西	南美洲	10.27	15726	5409854	4526393	157397
4	俄罗斯	欧洲	10.27	16342	1537142	1152848	26409
5	法国	欧洲	10.27	27498	1209651	115964	35052

图 9.16 筛选后的数据结果

4. 保存数据

把处理好的数据追加写入到保存历史疫情数据的"F:\Python\example\chp9\foreign.xls"文件中,参考代码如下:

```
1    import xlrd
2    import xlwt
3    from xlutils.copy import copy
4    #获取需要写入数据的行数
5    rows_new = len(foreign_data)
```

```
6    #打开原有工作簿
7    workbook = xlrd.open_workbook('F:\\Python\\example\\chp9\\foreign.xls')
8    #获取工作簿中的所有表格
9    sheets = workbook.sheet_names()
10   #获取工作簿中所有表格中的第一个表格
11   worksheet = workbook.sheet_by_name(sheets[0])
12   #获取原有表格中已有数据的行数
13   rows_old = worksheet.nrows
14   #将 xlrd 对象复制转化为 xlwt 对象
15   new_workbook = copy(workbook)
16   #获取转化后工作簿中的第一个表格
17   new_worksheet = new_workbook.get_sheet(0)
18   for i in range(0, rows_new):
19       for j in range(0, len(foreign_data.iloc[i])):
20           #追加写入数据,注意是从 i + rows_old 行开始写入
21           new_worksheet.write(i + rows_old, j, foreign_data.iloc[i,j])
22   #保存工作簿
23   new_workbook.save('F:\\Python\\example\\chp9\\foreign.xls')
```

视频讲解

9.2.6 爬取国内新冠肺炎疫情实时数据

1. 获取新冠肺炎疫情实时数据接口

在 360 极速浏览器中打开 https://news. qq. com/zt2020/page/feiyan. htm#/? nojump=1 网页,右击,在弹出的快捷菜单中单击"审查元素"命令,打开"开发者工具"。在"开发者工具"中单击 Network,再单击 All,然后在 Name 下方找到"getOnsInfo? name=disease_h5"后,单击 Headers,即可获得完整的请求新冠肺炎疫情实时数据的 URL 地址: https://view. inews. qq. com/g2/getOnsInfo? name = disease_h5&callback = jQuery3410688437548447459_1603799928740&_=1603799928741,如图 9.17 所示。

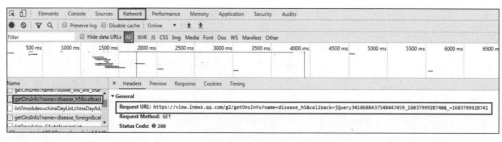

图 9.17 国内疫情实时数据的 URL 地址

2. 爬取数据

使用 https://view. inews. qq. com/g2/getOnsInfo? name = disease_h5&callback = jQuery34103 834464060798495_1602840849855&_=1602840849856 请求返回的结果是 jQuery3410383446 4060798495_1602840849855({…}) 形式,如果只需返回中间的字典数据,可以使用 https:// view. inews. qq. com/g2/getOnsInfo? name=disease_h5 数据接口。

爬取国内实时疫情数据的参考代码如下:

```
1    import requests
2    import json
3    url = 'https://view.inews.qq.com/g2/getOnsInfo?name = disease_h5'
4    r1 = requests.get(url,verify = True)
5    #将 Json 数据转化为数据字典
6    dict1 = json.loads(r1.text)
7    #取出 data 数据
8    r2 = dict1['data']
9    #将 JSON 数据转化为数据字典
10   dict2 = json.loads(r2)
11   #取出 children 数据,取出的数据是列表
12   r3 = dict2['areaTree'][0]["children"]
13   print(r3)
```

部分运行结果：

[{'name': '广东', 'today': {'confirm': 1, 'confirmCuts': 0, 'isUpdated': True, 'tip': '广东省累计报告境外输入病例 513 例.'}, 'total': {'nowConfirm': 32, 'confirm': 1909, 'suspect': 0, 'dead': 8, 'deadRate': '0.42', 'showRate': False, 'heal': 1869, 'healRate': '97.90', 'showHeal': True}, 'children': [{'name': '境外输入', 'today': {'confirm': 1, 'confirmCuts': 0, 'isUpdated': True}, 'total': {'nowConfirm': 32, 'confirm': 513, 'suspect': 0, 'dead': 0, 'deadRate': '0.00', 'showRate': False, 'heal': 481, 'healRate': '93.76', 'showHeal': True}}, {'name': '汕头', 'today': {'confirm': 0, 'confirmCuts': 0, 'isUpdated': False}, 'total': {'nowConfirm': 0, 'confirm': 25, 'suspect': 0, 'dead': 0, 'deadRate': '0.00', 'showRate': False, 'heal': 25, 'healRate': '100.00', 'showHeal': True}}, {'name': '汕尾', 'today': {'confirm': 0, 'confirmCuts': 0, 'isUpdated': False}, 'total': {'nowConfirm': 0, 'confirm': 6, 'suspect': 0, 'dead': 0, 'deadRate': '0.00', 'showRate': False, 'heal': 6, 'healRate': '100.00', 'showHeal': True}}, {'name': '广州', 'today': {'confirm': 0, 'confirmCuts': 0, 'isUpdated': False}, 'total': {'nowConfirm': 0, 'confirm': 377, 'suspect': 0, 'dead': 1, 'deadRate': '0.27', 'showRate': False, 'heal': 376, 'healRate': '99.73', 'showHeal': True}},

3. 处理数据

从部分运行结果中可以看出，爬取到的数据中不仅包含每个省的汇总数据，还包含每个省下辖市的汇总数据。由于后期我们只对每个省的汇总数据进行分析，所以需要从爬取到的数据中筛选出每个省的"当日新增人数""确诊人数""治愈病例""死亡病例"等信息。

由于爬取到的数据中没有日期，因此需要导入 time 库，获取当天的日期。

参考代码如下：

```
1    #将 pandas 包用别名 pd 表示
2    import pandas as pd
3    import time
4    #设置日期为 yyyy.mm.dd 格式
5    time1 = time.strftime("%Y.%m.%d")
6    china_data = pd.DataFrame(columns = ['省份和地区','日期','新增病例','确诊人数','治愈病例','死亡病例'])
7    #筛选出中国的数据
8    china_data.loc[1] = [dict2['areaTree'][0]['name'],
```

```
 9                          time1,
10                          dict2['areaTree'][0]['today']['confirm'],
11                          dict2['areaTree'][0]['total']['confirm'],
12                          dict2['areaTree'][0]['total']['heal'],
13                          dict2['areaTree'][0]['total']['dead']]
14  #筛选出各省份的数据
15  for i in range(len(r3)):
16      china_data.loc[i+1] = [r3[i]['name'],
17      time1,
18      r3[i]['today']['confirm'],
19      r3[i]['total']['confirm'],
20      r3[i]['total']['heal'],
21      r3[i]['total']['dead']]
22  china_data
```

部分运行结果如图 9.18 所示。

	省份和地区	日期	新增病例	确诊人数	治愈病例	死亡病例
1	香港	2020.12.14	95	7541	6202	117
2	台湾	2020.12.14	3	736	606	7
3	上海	2020.12.14	7	1412	1313	7
4	福建	2020.12.14	0	502	463	1
5	四川	2020.12.14	3	832	792	3

图 9.18　筛选后的数据结果

4. 保存数据

把处理好的数据追加写入保存疫情历史数据的"F：\Python\example\chp9\china. xls"
文件中,参考代码如下：

```
 1  import xlrd
 2  import xlwt
 3  from xlutils.copy import copy
 4  #获取需要写入数据的行数
 5  rows_new = len(china_data)
 6  #打开原有工作簿
 7  workbook = xlrd.open_workbook('F:\Python\example\chp9\china.xls')
 8  #获取工作簿中的所有表格
 9  sheets = workbook.sheet_names()
10  #获取工作簿中所有表格中的第一个表格
11  worksheet = workbook.sheet_by_name(sheets[0])
12  #获取原有表格中已有数据的行数
13  rows_old = worksheet.nrows
14  #将 xlrd 对象复制转化为 xlwt 对象
15  new_workbook = copy(workbook)
16  #获取转化后工作簿中的第一个表格
17  new_worksheet = new_workbook.get_sheet(0)
```

```
18    for i in range(0, rows_new):
19        for j in range(0, len(china_data.iloc[i])):
20            #追加写入数据,注意是从 i + rows_old 行开始写入
21            new_worksheet.write(i + rows_old, j, china_data.iloc[i,j])
22    #保存工作簿
23    new_workbook.save('F:\Python\example\chp9\china.xls')
```

9.3 新冠肺炎疫情数据的可视化展示

9.3.1 读取新冠肺炎疫情数据

视频讲解

使用 pandas 库中的 read_excel()方法可以读取 Excel 文件中的数据,并将读取到的数据转成 DataFrame 类型的数据结构,然后可以通过操作 DataFrame 进行数据分析。

read_excel()方法的语法格式如下:

```
read_excel(io, sheet_name = 0, header = 0, names = None, index_col = None,
            usecols = None, squeeze = False, dtype = None, engine = None,
            converters = None, true_values = None, false_values = None,
            skiprows = None, nrows = None, na_values = None, parse_dates = False,
            date_parser = None, thousands = None, comment = None, skipfooter = 0,
            convert_float = True, ** kwds)
```

常用参数说明:

io——Excel 文件名,可以包含文件所在的路径;

sheet_name——指定返回的工作表;默认值为 0,返回第一个工作表;如果需要返回多个工作表,则可以用列表;为 None 时,则返回所有工作表;

header——设置是否读取列名行;默认值为 0,即读取第一行列名行,数据为列名行以下的行;若数据不含列名,则设定 header = None;

names——自定义列名,列名长度必须和 Excel 表中的列长度一致;

index_col——指定用作索引的列;

usecols——读取指定的列,参数为列表,例如 usecols=[0,1],表示读取第 1 列和第 2 列;

skiprows——跳过指定行数的数据;

skip_footer——若 skip_footer=n,则跳过从尾部数的 n 行数据。

1. 读取国内疫情数据

读入存储在"F:\Python\example\chp9\china.xls"文件中的国内疫情数据,参考代码如下:

```
1    import pandas as pd
2    import xlrd
3    #打开工作簿
4    workbook = xlrd.open_workbook('F:\Python\example\chp9\china.xls')
5    #读取工作簿中的数据为 DataFrame 类型
6    china_data = pd.read_excel(workbook)
```

读入的 china_data 数据包含中国及各省从 2020 年 1 月 13 日至 2020 年 10 月 16 日每天的汇总数据。

2. 读取国外疫情数据

读入存储在"F:\Python\example\chp9\foreign. xls"文件中的国外疫情数据，参考代码如下：

```
1   import pandas as pd
2   import xlrd
3   #打开工作簿
4   workbook = xlrd.open_workbook('F:\\Python\\example\\chp9\\foreign.xls')
5   #读取工作簿中的数据为 DataFrame 类型
6   foreign_data = pd.read_excel(workbook)
```

读入的 foreign_data 数据包含海外各个国家从 2020 年 1 月 28 日至 10 月 16 日每天的数据。

视频讲解

9.3.2 数据可视化 matplotlib 库

1. matplotlib 库的安装

使用 python -m pip list 命令来查看是否安装了 matplotlib 库，如果没有安装，可以在 cmd 命令提示符窗口中通过输入如下命令进行安装：

```
pip install matplotlib
```

2. matplotlib 库简介

matplotlib 是一个风格类似 MATLAB 的基于 Python 的二维绘图库，可以实现 100 多种数据的可视化效果。它提供了一整套和 MATLAB 相似的命令 API，既适合交互式地进行制图，也可以方便地将它作为绘图控件嵌入 GUI 应用程序中。

在 matplotlib 官网 https://matplotlib. org/gallery. html 上提供了不同类型的近 500 个示例图，如图 9.19 所示。单击某个图表，可以查看相应的源代码，方便用户学习绘制各种图表的方法，通过复制修改源代码可以绘制满足实际需要的图表。

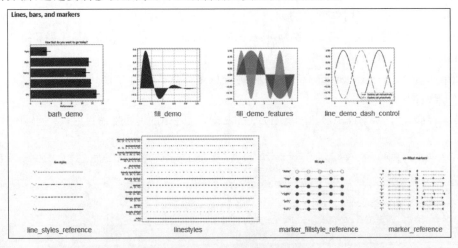

图 9.19　matplotlib 官网示例图

matplotlib 提供了两个便捷的绘图子模块。

（1）pyplot：提供了和 MATLAB 类似的绘图 API，将绘图对象构成的复杂结构隐藏在 API 内部，方便用户快速绘制二维图表；

（2）pylab：包含了许多 Numpy 和 pyplot 模块中常用的函数，方便用户快速进行计算和绘图，使用方法与 pyplot 模块类似。

pylab 子模块既可以绘图，也可以进行简单的计算，如果只纯粹绘制图形，通常使用 pyplot 子模块。本章使用 pyplot 子模块。

3. pyplot 子模块

matplotlib. pyplot 是一个命令行风格的函数集合，每个 pyplot 函数都是对图像进行修改，比如创建一幅图，在图中创建一个绘图区域，在绘图区域中添加一条线等。

pyplot 中主要的绘图函数如表 9.2 所示。

表 9.2　pyplot 主要绘图函数

函　　数	描　　述
plot( )	绘制直线、曲线图
boxplot( )	绘制箱型图
bar( )	绘制竖向条形图
barh( )	绘制横向条形图
contour( )	绘制等高线
hist( )	绘制直方图
pie( )	绘制饼图
plot_date( )	绘制包含日期型数据的图
polar( )	绘制极坐标图
psd( )	功率谱密度
scatter( )	绘制散点图
specgram( )	绘制频谱图
stem( )	绘制火柴杆图
step( )	绘制步阶图

plot( )函数是 pyplot 模块中最基本的一个绘图函数，其语法格式如下：

```
plot(x,y,s,linewidth)
```

其中，x 表示横坐标的取值范围，可选，省略时，默认用 y 数据集的索引作为 x；y 表示与 x 对应的纵坐标的取值范围；s 表示控制线型的格式字符串，可选，省略时，绘制的线型采用默认格式；linewidth 用来设置线的宽度。

使用前先导入 pyplot 模块，导入语句如下：

```
import matplotlib.pyplot as plt
```

视频讲解

9.3.3　绘制确诊人数趋势曲线图

1. 国内现有确诊人数趋势分析

从 china_data 数据中筛选出从 2020 年 1 月 13 日至 10 月 16 日全国确诊人数的数据，存入变量 confirm_now 中，参考代码如下：

Python 综合应用实例

```
1   china = china_data[china_data['省份和地区'] == '中国']
2   confirm_now = china['确诊人数'] − china['治愈病例'] − china['死亡病例']
3   date1 = china['日期']
```

绘制确诊人数曲线图,参考代码如下:

```
1   import matplotlib.pyplot as plt
2   x = date1                              #设置横坐标 x 的取值
3   y = confirm_now                        #设置纵坐标 y 的取值
4   #添加 rc 参数,实现在图形中显示中文
5   plt.rcParams["font.sans − serif"] = "SimHei"
6   plt.rcParams["axes.unicode_minus"] = False
7   #设置横坐标刻度间隔 20 显示一个值,倾斜显示
8   plt.xticks(range(0, len(date1), 20), rotation = 70)
9   plt.title("全国确诊趋势")                #设置图的标题
10  plt.xlabel("日期")                      #设定 x 轴的标签
11  plt.ylabel("确诊人数")                   #设定 y 轴的标签
12  plt.plot(x, y, c = 'red')               #用红色绘制曲线图
13  plt.show()                              #显示绘制结果
```

以上代码绘制出来的确诊人数趋势图如图 9.20 所示。

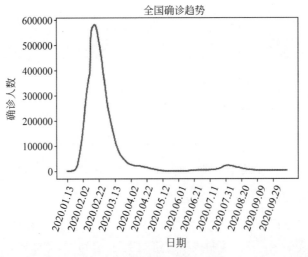

图 9.20　全国确诊人数趋势图

视频讲解

2. 海外确诊人数趋势分析

从 foreign_data 数据中筛选出从 2020 年 1 月 28 日至 10 月 16 日海外确诊人数最多的 5 个国家的数据,存入变量 confirm_now_5 中,参考代码如下:

```
1   #筛选出 2020.10.16 当天的海外各国数据
2   foreign = foreign_data[foreign_data['日期'] == '2020.10.16']
3   #按确诊人数递减排序,并获取确诊人数最多的 5 个国家的名称
```

4	countryname = foreign.sort_values(by = '确诊人数', ascending = False).head(5)['国家和地区']
5	#筛选出这 5 个国家的数据
6	foreign_data_5 = foreign_data[foreign_data['国家和地区'].isin(countryname)]

在筛选出的这 5 个国家中,有的国家可能缺失从 2020 年 1 月 28 日至 10 月 16 日期间某几天的数据,需要对每个国家的缺失数据进行处理,参考代码如下:

1	import pandas as pd
2	foreign_data_5['日期'] = pd.to_datetime(foreign_data_5['日期']) #将数据类型转换为日期 #类型
3	index = pd.date_range('2020 - 01 - 28', '2020 - 10 - 16') #生成指定开始日期和结束日 #期的时间范围
4	index = pd.DataFrame(index) #筛选出 5 个国家截止到 2020.10.16 的数据
5	foreign_data_5 = foreign_data_5[foreign_data_5['日期'] <= '2020 - 10 - 16'] #判断指定国家是否缺少数据,如果有,补全数据
6	for i in enumerate(countryname): #获取第 i 个国家截止到 2020.10.16 的已有数据天数
7	date = foreign_data_5[foreign_data_5['国家和地区'] == i[1]]['日期']
8	if len(index) == len(date): #如果相等,则没有缺失数据 #foreign_data_total 临时存放补全后的数据
9	foreign_data_total = foreign_data_5[foreign_data_5['国家和地区'] == i[1]]
10	continue #找出缺少数据的日期,放入 df 中
11	date = date.append(index)
12	date = pd.DataFrame(date) #添加列名为日期
13	date.columns = ['日期'] #删除重复行,得到缺少数据的日期
14	df = date.drop_duplicates(subset = ['日期'], keep = False)
15	df = df['日期'] #删除列名行
16	continent = foreign_data_5[foreign_data_5['国家和地区'] == i[1]]['所属洲'] #添加缺少的数据
17	k = 0
18	for j in enumerate(df):
19	foreign_data_5.loc[k] = (i[1], continent.iloc[1], j[1], 0, 0, 0, 0)
20	k += 1
21	if i[0] == 0:
22	foreign_data_total = foreign_data_5[foreign_data_5['国家和地区'] == i[1]]
23	else:
24	foreign_data_total = foreign_data_total.append(foreign_data_5[foreign_data_
25	5['国家和地区'] == i[1]])
26	foreign_data_5 = foreign_data_total

绘制确诊人数曲线图，参考代码如下：

```
1   import matplotlib.pyplot as plt
2   import matplotlib.dates as mdates
3   #添加 rc 参数，实现在图形中显示中文
4   plt.rcParams["font.sans-serif"] = "SimHei"
5   plt.rcParams["axes.unicode_minus"] = False
6   #设置横坐标 x 的取值，5 个国家 x 轴表示的日期都一样
7   x = foreign_data_5[foreign_data_5['国家和地区'] == countryname.iloc[0]]['日期']
8   #配置横坐标为日期格式
9   plt.gca().xaxis.set_major_formatter(mdates.DateFormatter('%Y-%m-%d'))
10  plt.gca().xaxis.set_major_locator(mdates.DayLocator())
11  #x[0]和 x[len(x)-1]分别是横坐标 x 的开始和结束日期，间隔 20 天，倾斜显示
12  plt.xticks(pd.date_range(x[0],x[len(x)-1],freq='20d'),rotation=70)
13  #获取间隔 20 天的日期，用于设置曲线上的标记
14  x1 = pd.date_range(x[0],x[len(x)-1],freq='20d')
15  #设置第 1 个国家纵坐标 y 的取值，以及与 x1 对应的纵坐标 y 值
16  y1 = foreign_data_5[foreign_data_5['国家和地区'] == countryname.iloc[0]]['确诊人数']
17  y1 = [y1[i] for i in range(0,len(y1)-1,20)]
18  #设置第 2 个国家纵坐标 y 的取值
19  y2 = foreign_data_5[foreign_data_5['国家和地区'] == countryname.iloc[1]]['确诊人数']
20  #设置第 3 个国家纵坐标 y 的取值
21  y3 = foreign_data_5[foreign_data_5['国家和地区'] == countryname.iloc[2]]['确诊人数']
22  #设置第 4 个国家纵坐标 y 的取值
23  y4 = foreign_data_5[foreign_data_5['国家和地区'] == countryname.iloc[3]]['确诊人数']
24  #设置第 5 个国家纵坐标 y 的取值
25  y5 = foreign_data_5[foreign_data_5['国家和地区'] == countryname.iloc[4]]['确诊人数']
26  plt.title("海外确诊人数最多的 5 个国家") #设置图的标题
27  plt.xlabel("日期")                      #设定 x 轴的标签
28  plt.ylabel("确诊人数")                   #设定 y 轴的标签
29  plt.plot(x1,y1,label=countryname.iloc[0],c='red',marker='.',ls='-')
                                        #用红色、点标记和实线绘制曲线
30  plt.plot(x,y2,label=countryname.iloc[1],c='blue',ls=':') #用蓝色、点线绘制曲线
31  plt.plot(x,y3,label=countryname.iloc[2],c='green',ls='-.') #用绿色、点画线绘制
                                        #曲线
32  plt.plot(x,y4,label=countryname.iloc[3],c='yellow',ls='-') #用黄色、实线绘制
                                        #曲线
33  plt.plot(x,y5,label=countryname.iloc[4],c='black',ls='--') #用黑色、虚线绘制
                                        #曲线
34  plt.legend(loc="upper left") #显示图例，设置图例显示位置，这句代码必须紧邻着放在
                                        #show()之前
35  plt.show() #显示绘制结果
```

以上代码绘制出来的海外确诊人数最多的 5 个国家的趋势图如图 9.21 所示。

9.3.4 绘制确诊人数词云图

根据 2020 年 10 月 16 日各国确诊人数（也可以是任意一天的确诊人数），把国家名称绘制成词云，能够在视觉上突出确诊人数较多的国家。绘制词云图需要使用 wordcloud 库。

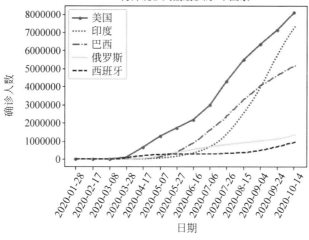

图 9.21　海外确诊人数最多的 5 个国家的趋势图

1. wordcloud 库

1) wordcloud 库简介

wordcloud 是一个非常优秀的实现词云展示的第三方库。词云是以词语为基本单位，根据词语的频率，通过图形可视化的方式，更加直观和艺术地展示文本，使得出现频率较高的词语在视觉上更加突出。

wordcloud 库把词云当作一个 WordCloud 对象，wordcloud. WordCloud()代表一个文本对应的词云，可以根据文本中词语出现的频率等参数绘制词云，绘制词云的形状、尺寸和颜色均可设定。

wordcloud. WordCloud()中的主要参数如表 9.3 所示。

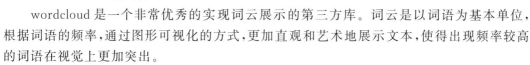

表 9.3　wordcloud. WordCloud()中的主要参数

参　　数	描　　述
width	指定词云对象生成图片的宽度，默认为 400 像素。如：wordcloud. WordCloud（width＝800）
height	指定词云对象生成图片的高度，默认为 200 像素。如：wordcloud. WordCloud（height＝600）
min_font_size	指定词云中字体的最小字号，默认为 4 号。如：wordcloud. WordCloud（min_font_size＝6）
max_font_size	指定词云中字体的最大字号，根据高度自动调节。如，wordcloud. WordCloud（max_font_size＝20）
font_step	指定词云中字体字号的步进间隔，默认为 1。如：wordcloud. WordCloud（font_step＝2）
font_path	指定字体文件的路径，默认为 None；需要展现什么字体，就把该字体路径＋扩展名写上。如：wordcloud. WordCloud（font_path＝"‘黑体. ttf’"）
max_words	指定词云显示的最大单词数量，默认为 200。如：wordcloud. WordCloud（max_words＝100）

续表

参　数	描　述
stop_words	指定词云的排除词列表,即不显示的单词列表,设置需要屏蔽的词,如果为空,则使用内置的 STOPWORDS。如:不显示单词 Python,wordcloud. WordCloud(stop_words="Python")
mask	指定词云形状,默认为长方形,需要引用 imread()函数,如果 mask 为空,则使用二维遮罩绘制词云。如果 mask 非空,设置的宽高值将被忽略,遮罩形状被 mask 取代。如:用图片 pic.png 作为词云形状 from scipy.msc import imread mk = imread("pic.png") w = wordcloud. WordCloud(mask = mk)
background_color	指定词云图片的背景颜色,默认为黑色。如:wordcloud. WordCloud(background_color="white")

wordcloud. WordCloud()生成词云的方法有两种:

(1) generate_from_text(text)——根据文本生成词云,比如 generate_from_text("wordcloud by python"),可以生成单词 wordcloud 和 python 的词云。

(2) generate_from_frequencies(frequencies[,…]):根据词频生成词云。

2) wordcloud 库的安装

绘制词云图前需要安装 wordcloud 库,可以在 cmd 命令提示符窗口中通过输入如下命令进行安装:

```
pip install wordcloud
```

视频讲解

2. 绘制世界各国确诊人数词云图

绘制 2020 年 10 月 16 日世界各国确诊人数词云图,需要从读入的数据 foreign_data 中筛选出 2020 年 10 月 16 日当天的数据。把国家名称作为词,各国确诊人数作为词频,根据词频生成词云,参考代码如下:

```
1   import matplotlib.pyplot as plt
2   from wordcloud import WordCloud
3   ♯筛选出 2020.10.16 当天的海外各国数据
4   foreign = foreign_data[foreign_data['日期'] == '2020.10.16']
5   wc = WordCloud(font_path = 'simkai.ttf',
6                  background_color = "white")
7   name = list(foreign.国家和地区)        ♯国家和地区作为词
8   value = foreign.确诊人数               ♯各国确诊人数作为词的频率
9   dic = dict(zip(name, value))          ♯词频以字典形式存储
10  wc.generate_from_frequencies(dic)     ♯根据给定词频生成词云
11  plt.imshow(wc)
12  plt.axis("off")                       ♯不显示坐标轴
13  plt.show()
```

运行结果如图 9.22 所示。

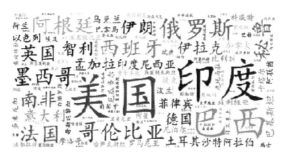

图 9.22　海外各国确诊人数词云图

3. 绘制亚洲各国确诊人数词云图

在筛选出的 2020 年 10 月 16 日当天的数据(foreign)中,进一步筛选出亚洲各国的数据,把亚洲国家名称作为词,各国确诊人数作为词频,根据词频生成词云,参考代码如下:

```
1    import matplotlib.pyplot as plt
2    from wordcloud import WordCloud
3    wc = WordCloud(font_path = 'simkai.ttf',
4                     background_color = "white")
5    asia = foreign[foreign['所属洲'].isin(['亚洲'])]
6    name = list(asia.国家和地区)          #把国家和地区作为词
7    value = asia.确诊人数                 #每个国家的确诊人数作为词的频率
8    dic = dict(zip(name, value))         #词频以字典形式存储
9    wc.generate_from_frequencies(dic)    #根据给定词频生成词云
10   plt.imshow(wc)
11   plt.axis("off")                      #不显示坐标轴
12   plt.show()
```

运行结果如图 9.23 所示。

图 9.23　亚洲各国确诊人数词云图

4. 绘制国内各省确诊人数词云图

绘制 2020 年 10 月 16 日国内各省确诊人数词云图,需要从读入的数据 china_data 中筛选出 2020 年 10 月 16 日当天的数据。把各省名称作为词,各省确诊人数作为词频,根据词频生成词云,参考代码如下:

```
1   import matplotlib.pyplot as plt
2   from wordcloud import WordCloud
3   ♯筛选出 2020.10.16 当天的各省数据
4   province = china_data[(china_data['日期'] == '2020.10.16')&(china_data['省份和地区']!
    = '中国')]
5   wc = WordCloud(font_path = 'simkai.ttf',
6                  background_color = "white")            ♯背景颜色
7   name = list(province.省份和地区)                       ♯省份和地区作为词
8   value = province.确诊人数                             ♯各省确诊人数作为词的频率
9   dic = dict(zip(name, value))                         ♯词频以字典形式存储
10  wc.generate_from_frequencies(dic)                   ♯根据给定词频生成词云
11  plt.imshow(wc)
12  plt.axis("off")                                     ♯不显示坐标轴
13  plt.show()
```

运行结果如图 9.24 所示。

图 9.24　国内各省确诊人数词云图

9.3.5　绘制国内确诊人数南丁格尔玫瑰图

由于读入的 china_data 数据包含中国及各省从 2020 年 1 月 13 日至 10 月 16 日每天的数据,如果只绘制国内各省指定日期确诊人数的地图,则需要从 china_data 数据中筛选出指定日期的数据,然后再使用 pyecharts 库绘制地图。

1. pyecharts 库

1) pyecharts 库简介

pyecharts 是一个用于生成 Echarts 图表的类库。Echarts 是百度开源的一个数据可视化 Javascript 库,支持 12 类图表,提供标题、详情气泡、图例、值域、数据区域、时间轴、工具箱等共 7 个可交互组件,同时支持多图表、组件的联动和混搭展现。由于 Echarts 能够提供直观、生动、可交互、可高度个性化定制的数据可视化图表,因此为了方便用户在 Python 中直接使用数据生成 Echarts 图表,pyecharts 库应运而生。

pyecharts 库支持的图表种类如表 9.4 所示。

视频讲解

表 9.4　pyecharts 库支持的图表种类

图表种类	描　　述
Bar	柱状图/条形图
Bar3D	3D 柱状图
Boxplot	箱形图
EffectScatter	带有涟漪特效动画的散点图
Funnel	漏斗图
Gauge	仪表盘
Geo	地理坐标系
Graph	关系图
HeatMap	热力图
Kline	K 线图
Line	折线/面积图
Line3D	3D 折线图
Liquid	水球图
Map	地图
Parallel	平行坐标系
Pie	饼图
Polar	极坐标系
Radar	雷达图
Sankey	桑基图
Scatter	散点图
Scatter3D	3D 散点图
ThemeRiver	主题河流图
WordCloud	词云图

本节使用 pyecharts 库中的 Pie 包绘制南丁格尔玫瑰图,主要用于国内确诊人数数据的可视化。Pie 中常用的方法有 add()、set_series_opts()、set_global_opts()、render()、render_notebook()。

(1) add()方法。

add()方法用于添加饼图的数据和设置各种配置项,其语法格式如下:

```
add(series_name, data_pair, color, radius, center, rosetype, is_clockwise,label_opts,tooltip
_opts,itemstyle_opts,encode )
```

add()方法的主要参数说明如表 9.5 所示。

表 9.5　add()方法的主要参数

参　　数	说　　明	数据类型
series_name	系列名称,用于 tooltip 的显示,legend 的图例筛选	字符串
data_pair	系列数据项,格式为 [(key1, value1), (key2, value2)]	列表
color	系列 label 颜色	字符串

参　　数	说　　明	数据类型
radius	饼图的半径,第一项是内半径,第二项是外半径。 默认设置成百分比,相对于容器高宽中较小的一项的一半	列表
center	饼图的中心(圆心)坐标,第一项是横坐标,第二项是纵坐标。 默认设置成百分比,设置成百分比时第一项是相对于容器宽度,第二项是相对于容器高度	列表
rosetype	是否展示成南丁格尔玫瑰图,通过半径区分数据大小,有 radius 和 area 两种模式 radius:扇区圆心角展现数据的百分比,半径展现数据的大小 area:所有扇区圆心角相同,仅通过半径展现数据大小	字符串
is_clockwise	饼图的扇区是否是顺时针排布	布尔
label_opts	标签配置项	字典
tooltip_opts	提示框组件配置项	字典
itemstyle_opts	图元样式配置项	字典
encode	可以定义 data 的哪个维度被编码成什么	字典

(2) set_series_opts()方法。

set_series_opts()方法用于设置图元样式、文字样式、标签样式、点线样式等,其语法格式如下:

```
set_series_opts(label_opts, linestyle_opts, splitline_opts, areastyle_opts,
axisline_opts, markpoint_opts, markline_opts, markarea_opts,
effect_opts, tooltip_opts, itemstyle_opts, * * kwargs)
```

set_series_opts()方法的主要参数说明如表 9.6 所示。

表 9.6　set_series_opts()方法的主要参数

参　　数	说　　明
label_opts	设置饼图上显示的文本标签样式
linestyle_opts	设置线的样式
splitline_opts	设置分隔线的样式
areastyle_opts	设置区域样式
axisline_opts	设置坐标轴的样式
markpoint_opts	设置标记点的样式
markline_opts	设置标记线的样式
markarea_opts	设置标记区域的样式
effect_opts	设置特效
tooltip_opts	设置移动或单击鼠标时弹出的数据内容
itemstyle_opts	设置图元样式

（3）set_global_opts()方法。

set_global_opts()方法用于配置标题、动画、坐标轴、图例等，其语法格式如下：

```
set_global_opts(title_opts, legend_opts, tooltip_opts, toolbox_opts, brush_opts, xaxis_opts,
yaxis_opts, visualmap_opts, datazoom_opts, graphic_opts, axispointer_opts)
```

set_global_opts()方法的主要参数说明如表9.7所示。

表 9.7　set_global_opts()方法的主要参数

参　　数	说　　明
title_opts	设置标题
legend_opts	设置图例
tooltip_opts	设置提示框
toolbox_opts	设置工具箱
brush_opts	设置区域选择组件
xaxis_opts	设置 x 轴
yaxis_opts	设置 y 轴
visualmap_opts	设置视觉映射
datazoom_opts	设置区域缩放
graphic_opts	设置图形元素组件
axispointer_opts	设置坐标轴指示器

（4）render()方法。

render()方法用于把制作好的饼图保存为 html 文件，其语法格式如下：

```
render(path = 'html 文件名及路径')
```

参数 path 用于设置保存 html 文件的路径，比如，render(path＝'F:\Python\example\chp9\chinaPie.htm')，可以把饼图保存到路径 F:\Python\example\chp9 下，取名为 chinaPie.htm；缺省时，默认保存路径为当前目录，文件名为 render.html。

（5）render_notebook()方法。

render_notebook()方法用于在 jupyter notebook 中直接显示饼图，其语法格式如下：

```
render_notebook()
```

2）pyecharts 库的安装

绘制饼图前需要安装 pyecharts 库，可以在 cmd 命令提示符窗口中通过输入如下命令进行安装：

```
pip install pyecharts
```

2. 绘制国内各省确诊人数的南丁格尔玫瑰图

绘制 2020 年 10 月 10 日（也可以是任意日期）各省确诊人数的南丁格尔玫瑰图，需要先筛选出 2020 年 10 月 10 日各省的确诊人数。由于湖北省确诊人数远超其他省份，且众所周知是确诊人数最多的省份，所以在分析比较各省确诊人数时，排除了湖北省，选取了除湖北省外确诊人数较多的前 20 个省份进行分析，并绘制了这 20 个省份确诊人数的南丁格尔玫瑰图。参考代码如下：

视频讲解

第 9 章

Python 综合应用实例

```
1    from pyecharts.charts import Pie
2    import pyecharts.options as opts        #导入图表配置模块 options
3    #筛选出 2020.10.10 当天的各省和地区的数据
4    province = china_data[(china_data['日期'] == '2020.10.10')&(china_data['省份和地区']!
     = '中国')]
5    #将数据转换为列表加元组的格式([(key1, value1), (key2, value2)])
6    data = [list(z) for z in zip(list(province["省份和地区"]), list(province["确诊人
     数"]))]
7    #把数据按降序排序
8    data.sort(key = lambda x: x[1], reverse = True)
9    #筛选出除湖北省外确诊人数最多的 20 个省和地区
10   data = [data[i] for i in range(1,21)]
11   #实例化 pie 对象,即创建饼图并设置画布大小
12   pie = Pie(init_opts = opts.InitOpts(width = '800px', height = '600px'))
13   #导入玫瑰图所需颜色
14   color_series = ['#FAE927','#E9E416','#C9DA36','#9ECB3C','#6DBC49',
15                   '#37B44E','#3DBA78','#14ADCF','#209AC9','#1E91CA',
16                   '#2C6BA0','#2B55A1','#2D3D8E','#44388E','#6A368B',
17                   '#7D3990','#A63F98','#C31C88','#D52178','#D5225B',]
18   #设置颜色
19   pie.set_colors(color_series)
20   #为饼图添加数据
21   pie.add(
22       series_name = "省份和地区",        #序列名称
23       data_pair = data,                  #数据
24       radius = ["20%","100%"],           #内外半径
25       center = ["50%","55%"],            #位置
26       rosetype = 'area',                 #玫瑰图
27   #color = 'auto'                        #颜色自动渐变
28   )
29   #设置全局配置项
30   pie.set_global_opts(
31       title_opts = opts.TitleOpts(title = "中国各省确诊人数南丁格尔玫瑰图",pos_left
     = "30%"),
32       legend_opts = opts.LegendOpts(is_show = False),    #不显示图例
33   )
34   #设置序列配置项
35   pie.set_series_opts(
36   #设置玫瑰图上显示的文本标签样式
37   label_opts = opts.LabelOpts(position = 'inside',       #标签位置
38                               rotate = 45,
39                               formatter = "{b}:{c}",     #标签格式
40                               font_size = 11)            #字号大小
41   )
42   #渲染图表到 HTML 文件,存放在程序所在目录下
43   pie.render("chinapie.html")
44   pie.render_notebook()        #在 notebook 中直接显示玫瑰图
```

运行结果如图 9.25 所示。

图 9.25　国内各省确诊人数的南丁格尔玫瑰图

9.4　本 章 小 结

本章首先介绍了网络爬虫的基本流程、爬虫需要使用的第三方模块库,然后通过爬取新冠肺炎疫情数据详细阐述了使用 Python 爬取数据的完整过程。最后对爬取到的新冠肺炎疫情数据进行分析处理,并采用曲线图、词云图、南丁格尔玫瑰图等形式进行数据可视化。

通过学习本章内容,可以对 Python 网络爬虫、数据可视化技术有一定的了解,为今后涉及网络爬虫和数据可视化的项目开发奠定良好的基础。

Python 综合应用实例

参 考 文 献

［1］ 江红，余青松.Python 程序设计与算法基础教程［M］.2 版.北京：清华大学出版社,2019.

［2］ 黄蔚.Python 程序设计［M］.北京：清华大学出版社,2020.

［3］ 董付国.Python 程序设计［M］.3 版.北京：清华大学出版社,2020.

［4］ 郑秋生，夏敏捷.Python 项目案例从入门到实践［M］.北京：清华大学出版社,2020.

［5］ 唐永华，刘德山，李玲.Python3 程序设计［M］.北京：人民邮电出版社,2019.

［6］ 杨年华，柳青，郑戟明.Python 程序设计教程［M］.北京：清华大学出版社,2019.

［7］ 赵璐.Python 语言程序设计教程［M］.上海：上海交通大学出版社,2019.

［8］ 章英，汪毅，陈仲民.程序设计类课程"课程思政"教学探索与实践［J］.教育教学论坛,2020(3)：157-158.

［9］ 明日科技编著.零基础学 Python［M］.吉林：吉林大学出版社,2018.

［10］ 刘瑜.Python 编程从零基础到项目实战［M］.北京：中国水利水电出版社,2018.